鄂尔多斯盆地低渗透致密气藏采气工程丛书

U0270591

柱塞气举
技术与实践

陆红军　田　伟　王宪文　李旭日　等编著

石油工业出版社

内 容 提 要

　　本书针对气井积液应用的柱塞气举排水采气技术，分别从技术背景、工艺原理、装置工具、实验模拟、工艺设计、施工作业、优化调参和维护管理等方面进行了全面翔实介绍，结合国内长庆、四川和海南福山等典型气田对技术应用效果进行介绍，同时根据长庆气田柱塞气举技术应用实际，分类型介绍了水平井、组合管柱、连续油管等特殊井况及集约型、智能化柱塞气举关键技术情况。

　　本书可供气田开发工作者、石油高等院校师生及相关专业人员参考。

图书在版编目（CIP）数据

　　柱塞气举技术与实践 / 陆红军等编著 . —北京：
石油工业出版社，2024.4
　　（鄂尔多斯盆地低渗透致密气藏采气工程丛书）
　　ISBN 978-7-5183-6175-5

　　Ⅰ . ① 柱… Ⅱ . ① 陆… Ⅲ . ① 气田开发 – 排水采气
Ⅳ . ① TE375

　　中国国家版本馆 CIP 数据核字（2023）第 134814 号

出版发行：石油工业出版社
　　　　　（北京安定门外安华里 2 区 1 号　100011）
　　　　　网　　址：www.petropub.com
　　　　　编辑部：（010）64210387　　图书营销中心：（010）64523633
经　　销：全国新华书店
印　　刷：北京中石油彩色印刷有限责任公司

2024 年 4 月第 1 版　2024 年 4 月第 1 次印刷
787×1092 毫米　开本：1/16　印张：12.25
字数：320 千字

定价：106.00 元
（如出现印装质量问题，我社图书营销中心负责调换）

《柱塞气举技术与实践》
编 写 组

组　　长：陆红军　田　伟　王宪文　李旭日

副组长：刘双全　贾友亮　李　丽　沈志昊

成　　员：李耀德　宋　洁　龚航飞　王亦璇　杨旭东　冯朋鑫

　　　　　杨亚聪　赵峥延　谈　泊　惠艳妮　李彦彬　苏煜彬

　　　　　肖述琴　卫亚明　宋汉华　李思颖　赵彬彬　何佳艺

　　　　　王忠博　陈　勇　谷诏闯　王晓荣　马海宾　蔡佳明

　　　　　闫治辰　刘时春　李朝旭　张军详

丛书序

目前，长庆油田有六个头衔：一是世界最大的低渗透非常规油气田；二是世界十大天然气田之一；三是中国最大的油气田；四是累计生产天然气6000多亿立方米；五是中国唯一的年产天然气超 $500 \times 10^8 m^3$ 的大气区；六是拥有中国最大的年生产天然气超 $300 \times 10^8 m^3$ 苏里格整装大气田。

起初，没有多少人相信鄂尔多斯盆地的长庆油田会取得如此大的成就，就连长庆油田自己也没有想到有如此令世人刮目相看的局面。规模宏大的油气基础产业，稳定的油气增长潜力和特色鲜明的低渗透非常规文化影响力，被视为中国低渗透非常规油气田勘探开发的典范。

油气基础规模，被视为前进的基础，在超大基数上实现相对稳定增长，必然伴随着超大投资，相应地稳定投资是增长的基础，从某种程度上是一个更大范围内的计划平衡结果。为此，这种模式可否持续，涉及方方面面，如果某一个方面出现不协调，都会影响油气基础规模的增减，为了使油气基础规模相对稳定且实现增长，就需要设置一个油气稳定增长的常数，而这个常数必须是实事求是的，经过科学计算的，而不是人为设置的。

油气增长潜力，当油气规模基础达到历史最高值后，显而易见的做法，必须考虑增长潜力在何方？就一般规律而言，增长无非就是老油田提高采收率、加密井、动用潜力层、合理设置参数等，但这只能解决相对稳产问题，解决不了在相对稳产基础上实现相对增长问题，而增长问题必须解决储量供给问题。也就是说，要解决油气新增的储量问题，或者说是要解决新天然气田的发现问题。鄂尔多斯盆地油气勘探要重视未知区域，如煤岩气的机会、深层油气机会、页岩气的机会和页岩油的机会，这些新的领域比人们想象的要大得多，这些都需要下功夫去认识和实践。

低渗透非常规文化影响力，是指长庆油田特色鲜明的文化影响力，其本质是"低渗透非常规""攻坚肯硬，拼搏进取""好汉坡精神""一切注重实际效果"和"低成本战略"等，这些具有明显的黄土文化和陕甘宁地域文化的特色，这种文化孕育了开发低渗透非常规油气田的石油人，形成了开发低渗透非常规油气田的理论和技术体系，缔造了中国最大油气田和世界最大低渗透非常规油气田，这是长庆油田乃至中国石油最宝贵的物质文化财富。

此外，随着时间的推移，人们对长庆油田低渗透非常规"油气基础规模、油气增长潜力和低渗透非常规文化影响力"有了越来越多的认识，这个认识虽然是渐进的、缓慢的，甚至是不乐于接受的。但是，已经形成了客观存在，在无形中和无选择中接受了它的存在和它的价值。

"油气基础规模、油气增长潜力和低渗透非常规文化影响力"三大邻域成果，最核心的是"低渗透非常规文化影响力"，它是支撑中国最大油气田和世界最大低渗透非常规油气田的底气，而底气源于超大的油气产量规模、油气协调发展、亦东亦西的地缘环境和低渗透非常规技术的人才优势。

超大油气产量规模，2022年油气储量规模达到$6700 \times 10^4 t$当量规模，在中国毫无疑问是站在第一的位置，在世界也是最大规模的位置。试想在20多年前根本不被人看好的鄂尔多斯盆地长庆油田，现在站在了被人仰视的位置和受人尊敬的油田企业，它的优势源于低渗透非常规$6700 \times 10^4 t$油气当量。

油气协调发展，是每一个油田企业都想实现的目标，但是受到天时、地利、人和的制约，不是想能实现就能实现的目标。它是各种因素的耦合而形成的，鄂尔多斯盆地南油北气、上油下气，各种资源天然组合，形成长庆油田协调发展的最大优势。

亦东亦西的地缘环境，长庆油田处在陕甘宁蒙，严格讲属于中国中部，东接市场发达地区，油气产品就近扩散，西接资源丰富的西北地区，油气资源就地开发，处在进可攻、退可守的位置，地理环境十分优越，这在中国只有几个为数不多的油气田有这样的地理优势。

低渗透非常规技术人才，是长庆油田成功的关键，50多年来长庆油田培养了一大批热心低渗透非常规高素质的劳动者，培养了一大批热心低渗透非常规高水平的技术人才，高素质的劳动者和高水平技术人才组合，形成了开发低渗透非常规油气无敌军团，以足够的耐心、恒心、决心和信心，才成功开发了被世界公认为难啃的骨头——鄂尔多斯盆地低渗透非常规油气资源。

当今世界正处于百年未有之大变局，全球能源格局深刻变革，能源价格及供需关系波动频繁，能源的战略稳定意义日趋重要，天然气尤其是致密气、非常规气藏的开发将是中国能源发展的战略重地。长庆气田的成功开发，创新形成致密气藏高效开发模式，引领了国内致密气藏开发的跨越式发展。在全国人民实现第二个百年奋斗目标的历史新起点，在中国式现代化建设的新征程上，编写《鄂尔多斯盆地低渗透致密气藏采气工程丛书》（简称《丛书》），对于树立国内外致密气藏高效开发典范、引领低渗透气藏采气行业发展，具有重要意义。

《丛书》系统总结了中国石油近 50 年来在鄂尔多斯盆地低渗透、致密气藏开发采气工艺领域取得的系列科研成果及生产实践经验，涵盖了整个致密气田开发钻采工艺技术系列。重点介绍了鄂尔多斯盆地低渗透、致密气藏排水采气、井下节流、柱塞气举、气田强排水采气、数字化智能技术、钻采工程、提高采收率等低渗透、致密气藏规模高效开发的关键技术成果。编著者均为长期从事采气工程开发的专家、科研工作者及专业技术人员，展现了低渗透、致密气藏开发采气工程的前沿技术，体现了丛书的权威性、系统性和先进性。

该套丛书的出版，为低渗透、致密气藏有效开发提供了一套成熟完备的采气工程借鉴方案，将对新形势下中国天然气的开发及优化管理起到积极的指导作用，希望广大天然气开发领域的研究者、设计者、建设者与生产管理者能将其作为学习工作的必备工具书，充分发挥其资政传承、交流提升的作用。

中国工程院院士 胡文瑞

2023 年 9 月

前　言

在气田开发的中后期，多数气井面临着携液能力下降、积液加剧、产能降低的问题，有效排出井筒积液是延长气井生产寿命实现高效开发的关键。柱塞气举技术是一种高效的排水采气方法，具有应用便捷、成本低且绿色环保等特点，在国内外得到了广泛应用，成为气井排水采气主体技术。

国内柱塞气举技术应用起步相对国外较晚，2000 年前后各油气田开始引进技术开展试验，由于对技术理论认识不足和装置故障问题使技术未能推广。2009 年以来通过技术自主研发，形成了完整的配套装置和控制技术，实现技术全面应用，对致密气、页岩气、煤层气排液稳产发挥重要作用。同时技术应用中，通过持续创新，在实验认识、应用理论和实践经验等方面取得重要成果认识，已处于国内外领先水平。

柱塞气举技术国内已成熟应用，但目前还未形成系统指导理论，随着技术应用范围、井数不断扩大，对柱塞气举应用专著需求急切。长庆油田基于柱塞气举技术大量应用气井实践经验、室内实验和应用理论认识等情况，结合国内其他气田技术应用，编写形成了本书。

本书是中国石油长庆油田分公司（以下简称长庆油田分公司）从事柱塞气举技术众多技术专家多年的努力付出与智慧结晶，从工艺的应用背景、装置设备、实验模拟、工艺设计、安装管理和实践应用等方面对柱塞气举工艺进行了详细的介绍，可供从事该工艺的工作者和石油院校相关专业的师生参考。

本书编写过程中，西南石油大学谭晓华教授团队给予了多方面重要帮助指导，在此表示诚挚感谢。同时还得到了长庆油田分公司、研究院和采气单位领导、专家、技术人员的大力支持，在此一并感谢。

随着科技的进步，油气行业的理论以及技术日新月异，由于编者的水平有限，本书难免存在疏漏和不足之处，恳请专家和读者批评指正。

目　录

第一章 概 论

随着油气开发技术的不断发展，天然气年产量占比逐年增加。对于处于开发中后期的气藏，随着地层压力的衰减，地层供给能量不足，地层产水若无法全部排出将导致井筒底部积液，严重影响气井正常生产，造成产气量急剧降低，甚至停产。因此，必须采取相应的排水采气措施排出井筒积液，提高气井带液能力，保证气井正常生产。柱塞气举工艺作为气井中后期排水采气的重要手段，具有操作便捷、成本较低、适应性好、自动化程度高等特点，推广前景广阔。本章将对气井积液原因、柱塞工作技术原理及其发展现状进行介绍。

第一节 气井井筒积液原因及危害

一、积液来源与类型

根据井底积液来源，将气井积液类型划分为凝析水和凝析油、地层水、返排工作液、层间水以及边水和底水。

（1）凝析水和凝析油：在气井开采过程中，随着压力的释放、温度的降低，天然气中凝析出的地层流体和随气体一起流入井筒的游离液体使得井底积液。对积液来源于凝析水的气井，在积液过程中，由于天然气通常在井筒上部达到露点，液体开始滞留在井筒上部，当气井流量降低到不能再将液体带出井筒时，液体就会落入井底，形成积液。

（2）地层水：储层孔隙中含有人量的层内水，层内水分为层内原生可动水和层内次生可动水，原生可动水在压差克服掉毛细管阻力后就可以开始流动，而对于次生可动水，则主要是由于地层压力的下降，岩石结构变形，部分束缚水膨胀形成可动水参与流动。层内水随气体一起流入井筒，形成井底积液，对气井的产量有明显的波动影响。

（3）返排工作液：一般指钻井液滤液、压井液、压裂液等返排液。钻井过程中，钻井液滤液侵入地层，气井投产后，井底压力降低，钻井液滤液随气体流出地层，进入井筒；此外，各种措施作业时，压井液、压裂液等工作液也会侵入地层，开井后，在压差的作用下从地层返排。返排液的产出特征是初期产出水量较大，随后产出水量逐渐减少，直至消失。

（4）层间水：一般位于储层中气层的泥质夹层当中，往往以束缚水形式存在。当气井射开目的层进行生产时，因为生产压差，层间水会流入井筒中而被采出。气井出水特征表现为生产无水期比较短，甚至没有无水期。气井见水后，产水量大量增加，并且波动幅度较大，开采后期气井产水量会逐渐下降，说明此时层间水已经快被采完或储层生产压差太小无法使层间水流出。

（5）边水和底水：气井的重要出水来源，以底水锥进、边水指进或局部位置舌进为主，往往发生在气井生产中后期，出水位置一般具有一定的区域性。这种出水方式对气井生产影响较大。

二、气井井筒积液过程

天然气开采过程中，多数气井正常生产时的流态为环雾流，液体以液滴的形式由气体携带到地面。随着气藏压力和天然气流动速度的逐步降低，气井不能提供足够的能量带出井筒中的液体时，液滴将下沉，落入井底形成积液，进而增加对气层的回压，限制气井的生产能力。随着井筒积液量的增加，气井面临着被压死失去生产能力的风险。

图 1-1-1 为典型的气井积液过程示意图。气井从正常生产到井底积液主要有以下五个阶段：

（1）生产初期，能量充足，气井自喷生产，气体有足够流动能量将全部液体带出井筒，井筒中无液体回落，两相流流型为环雾状流。

（2）气井生产一段时间后，气流速度降低或含水量升高，导致气井没有足够能量将所有液体带上地面，造成液体开始回落，气井开始积液。

（3）随着地层能量的降低，越来越多的液体无法被携带出井筒，井底积液量缓慢增加造成积液，此时井筒中的两相流流型为泡状流。

（4）随着井底积液量不断增加，静水压力逐渐增大，达到一定程度后积液重新侵入近井区域的储层。

（5）积液侵入储层后，井底回压降低，井筒内气体又能再次流动，且气体能将井筒中所有液体带到地面。

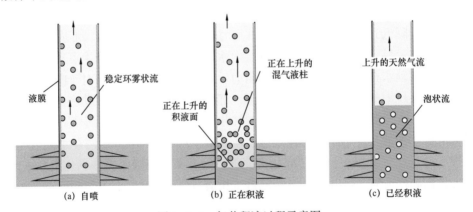

图 1-1-1　气井积液过程示意图

从（1）到（5）不断循环，也是气井井筒积液典型间歇反应的原因，直到储层潜力开始下降或产液量上升，这种循环才被打破。

气井产水后，气液两相流的总能量消耗将显著增大，气井自喷能力减弱，并随着气藏采出程度和产水率的增加，气体携液能力会越来越差。当气流不能提供足够的能量使井筒中的液体连续带出时，井筒将逐渐积液。

三、积液对气井生产的影响

对于凝析水导致积液的气井，液体凝析出来时是在井筒中上部，而天然气达到露点时是在井筒下部，所以当气体流速不够时，凝析水泡沫破灭，并逐渐降到井底形成积液，导致井底压力梯度增大，因此少量的积液就会使气井停止生产。

井筒积液后对气层的回压增大，影响天然气的产出。井筒积液量持续增大可使气井完全停喷，该现象主要发生在地层水出水量大的低压井中。另外，由于反向渗吸，井筒内的液柱会使井筒附近地层受到伤害，导致含液饱和度增大、气相渗透率降低，损害气井产能，影响气井生产效果。

第二节　排水采气技术

对于井筒产生积液的气井，必须及时排除井底积液，保证气井连续生产，主要的方式是排水采气技术。目前国内外排水采气技术主要有速度管柱、泡沫排水、机抽（含小泵深抽、气动机抽）、气举（含气体加速泵、柱塞气举）、射流泵、电潜泵（通常为变频机组）、螺杆泵（含潜油螺杆泵）、液压气泵、增压开采（含高低压分输）等以及气举—泡排、气举—机抽、增压—气举—泡排、电潜泵—机抽等组合排液采气工艺技术。工艺井深可达5000m以上，排水量可达1000m³/d [1-2]。

本节主要介绍除柱塞气举排水采气技术之外的主要排水采气技术。

一、泡沫排水采气技术

泡沫排水采气技术的原理如图 1-2-1 所示，通过套管（用油管生产的气井，占多数）或油管（用套管生产的气井）注入表面活性剂（称为泡沫排水用起泡剂，简称起泡剂）[3-4]，借助天然气流的搅动，与井底积液充分接触，产生大量低密度的含水泡沫，减少气体滑脱量，使气液混合物密度降低，从而降低自喷井油管内的摩阻损失和井内重力梯度，有效地降低井底回压，在井底压力和井口压力相同的情况下，使井底积液更易被气流从井底携带至地面[5-6]。当地层水中的泡沫被携带至地面后，通过向其中加入消泡剂以便使气水分离，从而达到排水采气的目的，是一项减少井筒积液、疏导气水通道、改善或恢复气井生产能力的助产措施[7]。

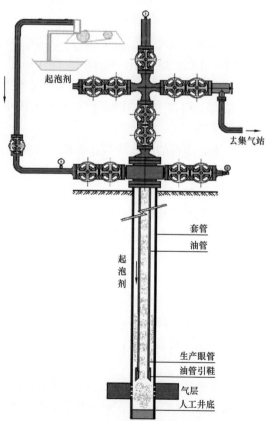

图 1-2-1　泡沫排水采气技术原理图

起泡剂使井筒积液形成泡沫的同时，通过分散、减阻、洗涤（包括酸化、吸附、润湿、乳化、渗透）等作用，将不溶性污垢（如泥沙和淤渣等）包裹在泡沫中随气流排出，起到疏导气水流动通道，增产、稳产的作用[4, 8]。

泡沫的带液增产作用主要体现在以下几个方面[9-10]：

（1）改变井筒气液分布结构及流态。气井带液生产时，油管内多相流体由井底向井口呈现泡流、段塞流、环状流、雾状流或几种流态的组合分布，井筒积液后，液相积聚在油管底部，气相穿越液相（或液相滑脱）流向井口，管内液相分布不连续，加入起泡剂后，由于气液界面张力降低而产生泡沫，管内流体转变为连续分布的泡沫流。

（2）降低油管内混合流体密度。由于泡沫带液作用，泡沫不断产出使油管内液相不断减少，管内混合流体的密度不断降低。

（3）增大气井生产压差。随着油管内积液的不断排出，混合流体密度减小，降低了气井生产时的井底回压，增大生产压差，使气井产量增加，进而提高气井携液能力[11-13]。

（4）减少气层伤害。适用的起泡剂有助于消除气层水锁并有效地保护气层，随着气流的搅动，泡沫对近井底地带的地层孔隙和井壁反复冲洗，有助于解除井筒堵塞、疏通气流通道，从而改善气井的生产能力。

（5）降低气井临界携液流量。根据 Turner 模型，在其他条件相同的情况下，表面活性剂的加入，降低了井筒中液体的密度，减小了气流中最大液滴的直径，从而降低了携带液滴所需要的最小临界气流速度。

泡沫排水采气工艺适用于弱喷及间歇产水气井的排水，工艺特点及其适应性如下：

（1）优点：投资小，见效快；操作简便；易于推广；选井范围大[14]。

（2）缺点：工艺井须有一定的自喷能力；需定时定量向井筒补充泡排剂，该工艺的排液能力一般在 $100m^3/d$ 以下，气液比较小；井身结构要求严格；工艺参数的确定难度较大[15]。

由于起泡剂的注入量与井的日产水量成正比，产水量过高的井需要加大药剂用量，并且要连续注入，工作量大。国内气田近 20 年的实践经验表明，日产水量小于 $100m^3$ 的气井实施效果较好[15-16]。

该工艺利用地层自身能量实现举升，成本低、投资小、见效快，经济效益显著，设备配套简单，其举升流程与自喷生产完全相同。施工过程简单，不需要特殊的修井作业，泡沫排水作为一种常规排水采气技术在各气田得到了广泛应用[17]。

泡沫排水采气工艺在具体实施过程中，需要充分考虑以下因素：

（1）优选气体流速。在气水两相垂直流动过程中，气体流速越大，排水能力越好，然而在泡沫排水中却不尽然，适合的气体流速可以获得最佳的助采效果。现场施工时，应对气井进行生产动态分析，计算天然气在井筒内的流速，并根据生产情况进行调整，确保工艺效果[18]。

（2）选择适宜的泡排流态。气井携液能力影响因素除了气体流速外，还和油管中气水两相垂直流动状态有关，对于生产井可根据气水流速、压降梯度及产气量、产水量波动程度进行判断[19]。

（3）合理使用浓度。施工中并不是使用的泡排剂越多、浓度越大，工艺效果越好，而是存在一个最佳浓度，此时气流携液能力最强[18]。

二、速度管柱排水采气技术

速度管柱排水采气技术是优选管柱的一种特殊形式，其原理如图1-2-2所示，它是针对有水气藏气井开采早期携液生产困难研究的一项排水工艺，在气井产能较低、不能携液时，采用小尺寸的速度管柱排水采气技术，可提高气井排液能力，使气井恢复自喷生产[20-21]。

速度管柱排水采气技术是根据井筒两相流和临界携液流量理论，通过在气井中下入管径较油管尺寸小的连续油管作为生产管柱，通过减小接箍压力损失、降低临界携液流量，提高气体流速，从而实现气井利用自身能量携液生产，达到排水采气的目的[22]。连续油管可以不压井下入，具有后期管理维护工作量小、维护成本低，可提高气井可采储量，最大限度地利用气藏进行排水采气稳定生产等特点，是低产气井排水采气的主体技术方向。

速度管柱排水采气技术在国外应用较早，技术成熟，每年实施达1500井次以上，最大下入深度

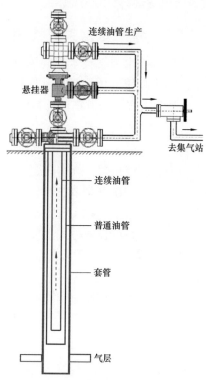

图1-2-2　速度管柱排水采气示意图

6248.4m[23]。2009年以来，长庆油田分公司通过研发悬挂器、操作窗及速度管柱等关键设备和配套工具，实现了速度管柱装置国产化，使工艺综合成本较国外技术降低近50%，并最终形成了适合国内气田的速度管柱排水采气技术，并在长庆油田获得规模化应用。该工艺采用不压井作业，对地层无伤害，通过降低管径尺寸，利用气井自身能量提高井筒中气流速度[24]，实现积液气井的连续生产，降低了生产管理和现场操作成本，具有一次性投资、后期无须维护的特点，现已成为苏里格气田产气量$0.3 \times 10^4 m^3/d$以上积液气井排水采气主体技术之一[25]，后期辅助泡排、气举等工艺，还可进一步扩大技术应用范围。

速度管柱排水采气工艺在实施过程中，对于管径尺寸的选择尤为重要。气井在气水产量较大的开采早期，两相流动的摩阻损失是主要矛盾，宜优选较大尺寸的油管生产[26]。油管鞋处的对比流速大于1时，应采用大尺寸的油管生产；在气井产能较低、产水量较小的开采中后期，气水两相流动的滑脱损失是主要矛盾，宜采用小尺寸的速度管柱排水采气，以确保气流通过自喷管柱时，有足够大的举液速度[27]。此外，适用于速度管柱排水采气工艺的气井还需满足以下条件：

（1）实际日产量大于所选速度管柱的临界携液流量且小于油管抗气体冲蚀流量。

（2）原油管内径大于所选速度管柱的外径。

（3）井斜角小于30°。

（4）井筒通畅。

（5）井筒无出砂现象。

三、气举排水采气技术

气举排水采气技术是利用高压气源或增压设备将高压气体（天然气或氮气）注入井筒，利用高压气体能量使井底积液从油管（或油套环空）返排至地面，达到增大生产压差、恢复或提高气井产能的目的，是气田水淹气井最为经济有效的复产工艺，该工艺也可通过下入气举阀实现。

气举可分为连续气举和间歇气举两种方式，影响气举方式选择的因素有气井产量、井底压力、产液指数、气举高度和注气压力等。当井底压力和产能较高时，通常采用连续气举生产，而间歇气举或柱塞气举则常用于产能和井底压力较低的气井，对于具体的气井，举升方式取决于气井及增压设备的基本条件及作业过程中的特殊要求[28-29]。

氮气气举的作业方式主要有两种：一是常规氮气气举工艺，利用增压车将氮气从油管（油套环空）注入，积液从油套环空（油管）返出[30]，如图1-2-3所示；二是利用连续油管将高压氮气从油管中注入，积液从连续油管与油管的小环空中返出，如图1-2-4所示。氮气气举利用制氮车将空气中的氮气分离出来，气源不受环境限制，但制氮车排量较低，运行费用高。

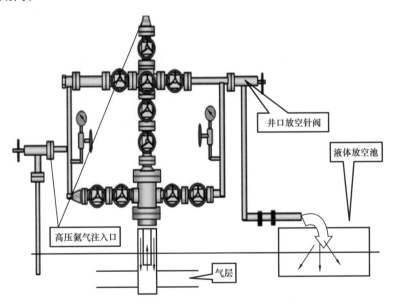

图1-2-3　常规氮气气举工艺流程图

天然气气举根据其气体来源主要有两种方式：一是井间互联气举，该工艺是将高压气井的天然气作为气源，通过集输管线送往低压井，可利用高压气井的天然能量，具有投资少、成本低的优点，但气举效果受到气源井的压力影响，难以维持稳定，应用范围受限[31-32]；二是天然气压缩机增压气举，该工艺是利用增压设备将外输管线内的天然气增压后作为气源注入井筒，气液混合物返出井口，经分离后的天然气再返回压缩机增压，供气举井循环使用，气举井自身生产的天然气除继续供给压缩机作为原料气外，多余部分进入外输管线。对于单井仅有一条集气管线的气井，利用该工艺仅需要井口增压设备即可完成气举作业，工艺流程简单，投资费用低，是目前长庆气田采用的主要气举复产方式。

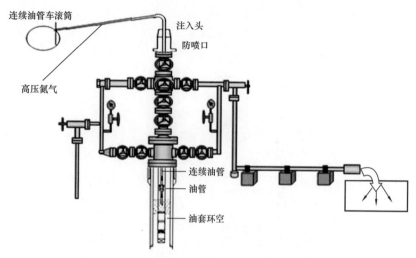

图 1-2-4　连续油管氮气气举工艺流程图

气举排水采气工艺适用于弱喷、间歇自喷和水淹气井。其适应性广，不受井深、井斜及地层水化学成分的限制，适用于中、低含硫气井。该工艺设计、安装简单，易于管理，是一种少投入、多产出的先进工艺技术[33]。

结合多年来的实施情况，总结出如下选井条件[34]：

（1）单井控制储量大于 $0.5 \times 10^8 m^3$，剩余开采储量大于 $0.1 \times 10^8 m^3$。

（2）被选井完钻后投产初期产量大、稳定状况好，气井不产水或产少量水，且携液稳定连续，井底压力较高，井筒积液后气井产量大幅度递减的气井。

（3）气水同产因水锥或者水窜造成气藏的水封或者切割，使微细裂缝和基质孔隙中的气体无法流出或者流动困难，造成气井间歇生产或者停产的水淹井。

（4）新区新井，刚完钻投产即出水的井，造成水淹的"假死"，且酸化、泡排效果不理想，为了排液找气，可采用气举工艺诱喷试采。

（5）气井位于气藏水侵区内，气藏边水或底水不活跃，需要进行强排的出水气井或水淹井。

四、机抽排水采气技术

机抽排水采气技术是通过抽油机驱动井下深井泵的柱塞上下运动，将旋转运动转化为抽油杆的往复运动，不断抽汲并排出井筒内积液，恢复气井生产的一种基于机械降压原理的排水采气技术，如图 1-2-5 所示。结合致密气田低成本开发需要，采用空心抽油杆对机抽工艺进行改进，形成机抽—速度管复合排水采气工艺。由于空心抽油杆可以作为气体和化学剂的注入通道，因而可以和泡排、气举、速度管柱等工艺自由组合[35-36]。

机抽工艺工作原理：当井筒积液严重需进行机抽排采时，阀门和单流阀为关闭状态，流体则通过小四通进入外输管线，实现机抽排采；当机抽强排一段时间后，若积液减少，则停止机抽，打开阀门和单流阀，利用空心抽油杆尺寸小的特点，实现速度管柱排采，此时井内流体可同时从小四通和高压软管进入外输管线。

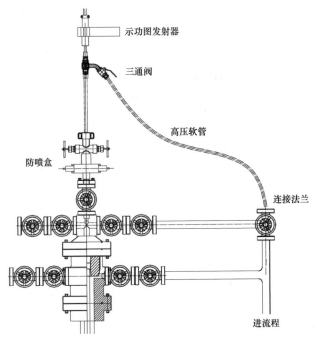

图 1-2-5 　机抽—速度管排水采气井口示意图

机抽—速度管复合排水采气工艺需要采用偏心气锚分离器。偏心气锚分离器入井后连接在油管最下端，由于偏心接头及弓形簧的作用，工具在井下偏向一侧，从而形成两边大小不等的一个偏心流道，当井下产出液流入偏心流道后，气体大部分从流道较宽的一侧逸出，而含气量很低的流体通过位于流道较窄一侧的进液孔流入工具内部，为抽油泵供液。

机抽—速度管复合排水采气工艺有以下特点：一是实现了多种排采工艺的联合使用，增加了工艺的适应性；二是根据气井的产水量，可以灵活调整排水采气工艺，无须更换排采设备，降低了调整排采工艺所产生的成本，具有显著的经济效益；三是当气井不需要机抽进行强排而转为速度管柱或其他工艺进行排采时，抽油机可移至其他井口，实现了抽油机的重复利用；四是可采用气举的方式清除井底污物，减小了砂卡导致机抽失效的可能性；五是游动阀及固定阀均由抽油机的动力及空心泵上部空心抽油杆的重力带动以实现强制启闭，避免了由于气锁、砂卡导致游动阀、固定阀无法正常启闭而使机抽失效。

机抽排水采气是气田进入中后期维持气井生产的重要措施之一，适用于水淹井复产、间喷井及低压小产水量气井排水，具有工艺井不受采出程度影响、理论上能把天然气采至枯竭、适合低压生产井的特点[37-38]。特别是对储层产水量大、动液面高、具有一定产气能力的水淹气井，采用井下分离器、深井泵、抽油机等配套设备排水采气，一次性投入，有效期长，排水采气效果明显。

机抽排水采气工艺选井条件：

（1）排液量 $10\sim100m^3$。

（2）泵挂深度小于 2700m。

（3）产层中部深度 $1000\sim2900m$。

（4）压力：地层压力 $2.4\sim26MPa$，变产后套管压力 $1.5\sim20MPa$[39]。

（5）温度低于 120℃。

（6）腐蚀介质：矿化度（Cl^-含量）$10\sim90g/L$，二氧化碳含量不大于 $115g/m^3$，不含硫管串适用于 $0\sim300mg/m^3$ 的低含硫气井，防硫管串基本适用于 $26g/m^3$ 以下的含硫气井[40]。

五、排水采气工艺对比

常规排水采气工艺主要通过人为措施使气井能量得到补充，达到排除井筒积液、提高气井产量的目的。泡沫排水采气工艺不适用于大规模井组且在气井压力较低的情况下无法满足清理积液的需求[41]；速度管柱排水采气工艺一次性投入高，且对于气井防腐要求较高；抽油机排水采气工艺存在成本高和易老化的问题，在一定程度上增加了成本和管理难度；而气举采气工艺实施费用较高，单井单次作业费用高，若气井后期积液停产后需要再次作业。

通过对各类排水采气工艺的总结与对比，泡沫排水采气工艺是目前应用井数最多的工艺，占措施总量的 50% 以上。随着排水采气工艺的发展，该工艺应用量正在逐年降低，而柱塞气举工艺应用量持续攀升，已逐步成为全球低产致密气田排水采气重要技术之一（表 1-2-1）。

表 1-2-1 不同类型排水采气工艺对比表

举升方法		速度管柱	泡沫排水	气举	柱塞气举	机抽
最大排量 /（m^3/d）		100	120	400	50	70
最大井深 /m		2700	3500	3000	2800	2500
井深情况（斜井或弯曲井）		适宜	适宜	适宜	受限	受限
地面及环境条件		适宜	适宜	适宜	适宜	一般适应
开采条件	高气水比	很适宜	很适宜	很适宜	很适宜	很适宜
	含砂	适宜	适宜	适宜	受限	一般适应
	结垢	化学防护较好	适宜	化学防护较好	较差	化学防护较差
	腐蚀	缓蚀适宜	缓蚀适宜	适宜	适宜	较差
设计难易		简单	简单	较易	较易	较易
维修管理		很方便	方便	方便	方便	较方便
投资成本		低	低	较低	较低	较低
运转效率		低	低	较低	较低	一般
灵活性		工作制度可调	注入量、周期可调	可调	可调	可调

第三节　柱塞气举排水采气工艺简介

一、工作原理

柱塞气举排水采气工艺是一种重要的气井排水采气技术，主要适用于有一定地层能量和气液比的气井，是间歇气举的一种特殊形式[42]。气井开井时，环空气体体积膨胀并释放能量，将井筒液体举升至地面。在井筒中作为气液机械封隔界面的柱塞，将上方液体与下方气体分隔开，起到密封的作用，能够有效阻止气体上窜和液体回落，有效提高举升效率[43-44]，柱塞气举流程如图 1-3-1 所示。

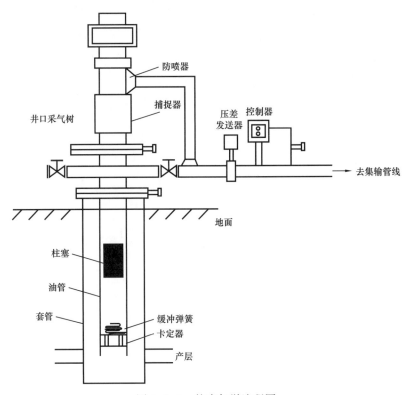

图 1-3-1　柱塞气举流程图

工艺原理：气井关井后，柱塞在自身重力作用下下落，直至坐落在生产管柱底部的卡定器上。随着天然气在柱塞下方和油套环空之中聚集，地层压力开始恢复，当井底压力增大到一定值时开井，在压差的作用下，气流将柱塞及其上方液体一同向上举升，直至被排出井筒，同时天然气产出，此时气井仍可继续生产直到井底重新积液。积攒的天然气能量释放后，柱塞气举完成一个工作周期的举升，然后关闭井口，柱塞重新回落到卡定器顶部，继续重复上述工作周期。柱塞作为气液界面的示意如图 1-3-2 所示。

柱塞气举排水采气工艺具有以下特点：

（1）适用范围广，对气井气水比、产气量等要求较低。

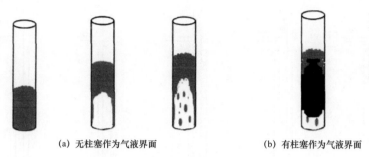

(a) 无柱塞作为气液界面   (b) 有柱塞作为气液界面

图 1-3-2 柱塞作为气液界面示意图

（2）排液效率高，将柱塞作为气液界面，有效防止气体上窜和液体滑脱[45]。

（3）自动化程度高，降低员工操作强度，便于数字化管理。

（4）利用气井自身能量工作，不需要额外电源、气源。

（5）安全环保、节能，主要采用机械原理排除井底积液。

（6）成本低，一次性安装设备后可长期使用。

柱塞气举排水采气工艺适用于地层压力降低、产能降低等原因造成井底积液或间歇生产的气井，具体适用条件如下：

（1）自喷井或间喷井。

（2）油管内壁光滑畅通。

（3）井筒内无腐蚀。

二、柱塞运行过程

柱塞气举是一个周期循环的过程，一个运行周期可分为三个阶段，如图 1-3-3 所示。上升阶段：柱塞开始向上运动到液体段塞完全进入生产管线的这一段时间（①②）。续流阶段：液体段塞完全进入生产管线后，气井继续开井生产的阶段（③）。柱塞下降和压力恢复阶段：在气井续流之后将气井关闭和柱塞从井口下降到井底，直到柱塞的下一个周期打开气井为止（④⑤）[46]。

在柱塞举升循环过程中，气井的油压、套压均会发生变化，其变化情况如图 1-3-4 所示。

一个柱塞循环过程的油压和套压变化情况如下：

（1）地面控制器控制气动薄膜阀打开，套管气和进入井筒内的地层气向油管膨胀，到达柱塞下方，推动柱塞及上部液体离开卡定器开始上升，直到柱塞到达井口。开井后，随着气体从油管产出，油压迅速降低，柱塞逐渐加速上升；同时套管气体进入油管举升柱塞，套压下降。

（2）气井能量推动柱塞及上部液体继续上行，液体到达井口后，控制阀节流作用使油压开始上升。当柱塞到达井口后，油压继续增加，套压降至最小值。

（3）柱塞停在井口防喷管内，气体流速开始降低，液体在井底不断聚积，套压升高，井口油压下降。

（4）地面控制器控制气动薄膜阀关闭，柱塞依靠自身重力从井口开始下落[47]。

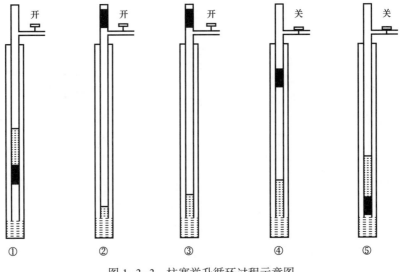

图1-3-3　柱塞举升循环过程示意图

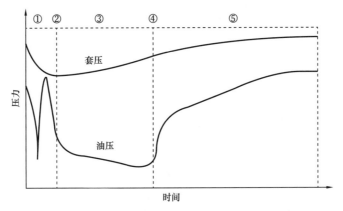

图1-3-4　柱塞举升井口油压、套压变化示意图

（5）柱塞下落到达井下卡定器位置处，撞击卡定器的缓冲弹簧，液面通过柱塞与油管的间隙上升至柱塞以上并聚集。地层气体和液体进入井筒，井口油压、套压不断升高，套压恢复上升到预定值后进入下一周期。

第四节　柱塞气举排水采气技术发展现状

一、国外发展现状

柱塞气举排水采气工艺研究和应用始于20世纪50年代，美国的Beeson、Knox、Stoddard和苏联学者Muraviev等对柱塞气举的生产规律进行了研究[53]，虽然这些前期的研究较为粗糙，但也给出了一定程度上比较实用的结果，比如Besson给出了适用于 $2\frac{3}{8}$ in、$2\frac{7}{8}$ in油管的柱塞举升图版，如图1-4-1和图1-4-2所示。

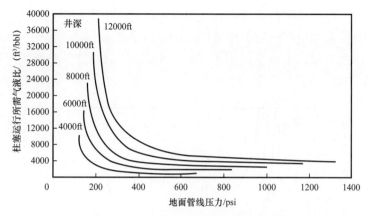

图 1-4-1 $2\frac{3}{8}$in 油管柱塞举升可行性图版

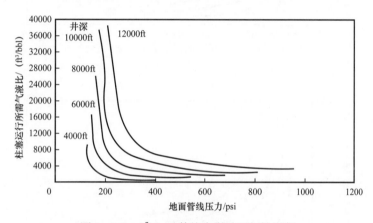

图 1-4-2 $2\frac{7}{8}$in 油管柱塞举升可行性图版

早期对于柱塞气举的理论研究比较简单，研究仅限于简单的设计，方法的局限性很大，并未实际应用。直到 1965 年，Foss 和 Gaul[54]总结了 Ventura 油田 85 口柱塞举升油井的实测资料，导出柱塞气举的静力学分析方法，绘制出一系列全世界通用的柱塞举升动态曲线，从而奠定了其在柱塞气举发展历程中的基础性地位，成为迄今全世界公认的最权威的设计方法。

20 世纪 70 年代，Hacksma 引入了最佳气液比及最低气液比的概念，结合了实际油藏的供油能力，对 Foss 和 Gaul 的设计方法进行了补充和完善，提出了更为完善的柱塞举升模型[55-56]。在这之后，Lea 第一次提出了常规柱塞气举的动力学模型，假定柱塞和液段以相同的速度上升，柱塞在上行过程中满足动量平衡的条件，从而建立了相应的微分方程，由其数值解获得柱塞位置、速度、加速度、套压等的瞬时值，但他忽略了液体回落及气体滑脱且没建立柱塞下落过程的动力学模型，因此不够完善[57]。

20 世纪 80 年代，White 和 Rosina 等在 Lea 的研究基础上，考虑液体漏失建立了更加完善的柱塞举升动态模型，White 通过实验证明了柱塞的用途就是减少液体回落、提高举升效率，并且在实验研究中发现中心空洞的柱塞能使举升效率进一步提高；Rosina 忽略了气体滑脱及柱塞摩擦，建立了常规柱塞举升上升阶段精确的水动力学模型，由微分方程经数值求解得出的参数，与实验得到的数据很好地吻合，但该模型忽略了气体滑脱和柱塞的摩阻，且模型要求有较严格的工作条件。1982 年，Beauregard 等进一步研究了柱塞举升适用的条件以及界限，给出了适用于 2in、2.5in 油管的柱塞举升图版，如图 1-4-3 和图 1-4-4 所示[58]。

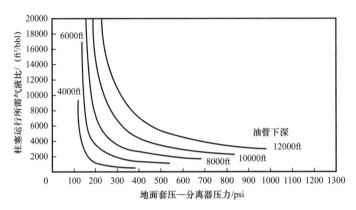

图 1-4-3　2in 油管柱塞举升可行性图版

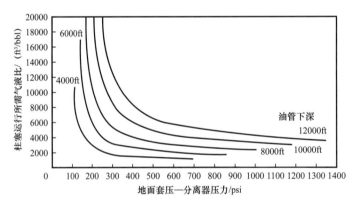

图 1-4-4　2.5in 油管柱塞举升可行性图版

1985 年，Mower 和 Lea 等在 735ft 的井中做了实验研究，这次研究结果得出了 13 种不同柱塞上升与下落时的压力、速度及气体和液体的体积，由实验结果将包括气体滑脱、液体回落、柱塞上行与下落的速度等参数进行分析并建立数据库。

1995 年，Beeson 和 Knox 通过对美国一些油田柱塞气举资料的分析，得出系列描述所需注气量、压力、最大产能等的相关方程，通过方程绘制出表示柱塞气举特性的特征图，并由该图来分析给定井的气举特性[59]。

进入 21 世纪，随着柱塞气举排水采气工艺理论和实验研究的不断深入，其在国外各大油田现场得到了广泛应用，Gasbarri 和 Wiggins 在 2001 年考虑地面管线压力作用下对提高举升效率和动态模型进行研究，Chava 等在 2008 年对智能举升设备进行了全面的研究，提出了新的柱塞举升模型[60]。该模型结合气藏流入动态瞬态模型，并考虑气藏、油套环空及油管之间动态的相互影响，能够更加准确可靠地预测柱塞的举升过程，优化柱塞举升周期。

国外还有很多学者对柱塞气举工艺在非常规天然气井中的应用进行了研究。2009 年，

Tang 针对 Piceance 盆地致密气井的积液问题，开展了柱塞气举动态特征研究[61-62]。为了实现致密气井产气量最大化的目的，通过机理控制积液探索柱塞气举的最佳工况。基于致密气藏具有基质渗透率低、水力压裂裂缝和泄流半径短的特征，在该模型中引入了瞬态的 IPR 方程和产量递减规律，并应用该瞬态多相流流入动态分析柱塞举升的效率。2011 年，Kravits 等学者又对柱塞气举在 Marcellus 页岩气井中的应用进行了研究，柱塞气举工艺在国外的应用范围越来越广泛。随着计算机以及模拟技术的发展，计算流体力学 CFD 已经成为国内外学者研究油管内流体流动的主要数值模拟研究手段，具有一定的可靠性和指导意义。2014 年，Neil Longfellow 等开展了水平井柱塞气举 CFD 模拟研究，他们利用 CFD 预测了各种柱塞的下降速度，并与实际的测试结果进行比较，发现 CFD 预测的下降误差在 8% 以内，可靠性很高；他们还通过 CFD 对柱塞的阻力系数等特性进行分析，发现水平井柱塞是否适用于某一口井取决于柱塞运行过程中磨损不均匀和气体窜流的程度，在此基础上对柱塞的结构进行优化，提高柱塞举升的效率[63]。

近几年，柱塞气举排水采气技术的发展主要集中在对柱塞气举系统进行优化方面，多是基于实验模拟分析进行研究。2010 年，加拿大的 Great Sierra 气田积液井，通过优化控制流动持续时间这一问题，使柱塞到达缓冲器弹簧时，载荷系数能达到良好的预期效果，2016 年国外公司提出 HEAL 气举系统，该套系统通过降低弯曲段的流动截面积，气、液等流体即可通过调整流动方式，从水平段举升至垂直段，均可取得良好效果。

国外应用排水采气技术时，根据气藏及气井产量进行选择，北美致密气藏、页岩气及煤层气资源丰富，气井井数多，普遍采用经济实用的柱塞气举排水采气技术。

美国圣胡安盆地是典型的致密气藏，气井具有低压、低产特点，盆地常规和非常规天然气井排水采气主要采用柱塞气举工艺，统计该盆地 40 口非常规气井柱塞气举工艺应用情况，平均日增产天然气量达 $11.2 \times 10^4 \mathrm{m}^3$，部分井增幅超过 300%。柱塞气举工艺应用现场如图 1-4-5 所示。

图 1-4-5　国外气田柱塞气举工艺排水采气井口

柱塞气举工艺在得克萨斯州也得到了应用，有 4 口气井生产出现积液，需要进行关井排液才能恢复气井生产，极大地影响了正常生产。在考虑了各种人工举升措施之后，柱塞气举工艺因其经济有效、易于管理等优点，被选定为解决积液问题的工艺，表 1-4-1 中显示了应用柱塞气举工艺前后的产量对比。

表 1-4-1 柱塞气举工艺应用效果分析

序号	应用前		应用后		产量变化	
	产液量 / (m^3/d)	产气量 / ($10^4m^3/d$)	产液量 / (m^3/d)	产气量 / ($10^4m^3/d$)	产液量 / (m^3/d)	产气量 / ($10^4m^3/d$)
1	34	920	263	108	229	−812
2	30	691	188	581	158	−110
3	85	989	124	1866	39	877
4	24	1237	142	80	118	−1157

柱塞气举排水采气技术在现场实际运行中主要依靠技术人员手动调参管理，随着井数逐年增多，调参管理工作量逐年增大，现有管理人员不能满足气井控制管理要求，因此，智能柱塞和柱塞自动化的研究具有十分重要的意义。BP 公司在 North SanJuan 盆地采用了一种集成数字自动化系统，用于优化柱塞举升和油管中流动控制。该系统主要分成远程终端（RTU）和监控与数据采集主机（SCADA-host）两部分。根据预先设定的变化范围调整柱塞到达时间、后续流动时间和关井时间，实现气井产量最大化。在流动控制方面，根据井的状况自动控制套管阀的开关，保证气体流量在临界流量以上，减少摩阻和回压。BP 公司在 North SanJuan 盆地 40 多口井采用这套系统，气体产量增加了 $11.3 \times 10^4 m^3/d$，单井平均增产气量 3681m^3/d [64]。

二、国内发展现状

国内对柱塞气举工艺的应用较晚，理论及实验研究较国外都较少：一是因为国内早期开发的油田储层发育好，出水少，对排水采气工艺的研究相对缺乏；二是因为对该工艺所知不多，理论不够，实际应用都凭经验判断，一旦一两口井不成功便否定了这项工艺；三是国内缺少柱塞配套设备的生产，主要依赖进口，其推广应用受到很大限制 [48-49]。20 世纪 80 年代后，国内油田公司先后引进了柱塞举升工艺，都取得了不错的效果，塔里木油田使用 PCS 柱塞举升系统生产 58 天后就收回成本并获得盈利 [50]。2002 年中原油田在积液严重、无法正常生产的 P8-12 井进行了柱塞气举试验，日增产天然气 5000m^3。

20 世纪 90 年代，国内各相关科研单位及石油高校开始对柱塞举升理论进行研究，其中以石油大学（华东）、江汉石油学院、西南石油学院为代表。1992 年，西南石油学院结合西南油气田实测资料，对柱塞举升排水进行了一个周期的全过程模拟。其基本原理是将举升周期分为关井压力恢复、开井举升排液两个阶段。为了全面模拟柱塞气举的运动及流动过程，研究柱塞上行、下落过程的位移、速度、液体回落及气体滑脱、油套压、产量等参数随时间的变化规律 [51]，详细研究了各阶段主要过程的作用机理，对开井举升阶段的四个连续过程（套管液体向油管运移、柱塞和液柱上升并到达井口前、柱塞到达井口、排水采气中的放喷采气或操作所需的放气）、关井压力恢复三个过程（柱塞在气体中下落、柱塞在液体中下落、柱塞停留在卡定器复压）进行了重点研究。在考虑井筒瞬时流动和地层流动相协调的情况下，分别对各个阶段、过程及相关参数建立了数学模型，但未公开发表过有关该模型的文献。

国内柱塞气举应用起步也相对较晚，自 21 世纪初开始，西南、长庆、塔里木、新疆以及大庆、辽河、中原、吐哈等油气田从国外引进柱塞装置[52]，进行了尝试性应用，通过应用对该工艺取得了一定认识，但由于装置维护、成本及管理等问题未能得到推广。在应用中，存在设备单一，出现故障时无法及时更换，影响了技术正常运行，同时对技术理论掌握不够深入，应用成本高等问题也影响了技术推广。因此，需要开展柱塞气举技术和相关装置、工具攻关研究及应用。

长庆油田分公司针对气井积液问题，2009 年引进了国外柱塞气举装置开展了技术试验评价研究，截至 2010 年底共应用 50 口井，并建立了苏 6 井区、苏 48 井区两个柱塞气举技术示范区，单井增产幅度达到 40%，有效排出气井积液、恢复气井产能，增产效果显著。通过引进柱塞气举技术应用，掌握了柱塞气举技术理论基础，对柱塞气举技术装置结构原理、性能参数有了全面认识，为柱塞气举技术自主研发打好坚实基础。

2013 年以来，长庆油田分公司开发了国产柱塞气举装置和远程控制系统，打破了国外技术垄断，使应用成本降低了 60%，装置性能稳定可靠，控制系统可根据气井压力、产气量和产水量等变化，对气举工艺参数进行诊断、分析、优化，实现了柱塞气举排水采气技术远程智能化管理。截至 2022 年底，推广应用 5000 余口井，有效解决了低产气井积液问题，实现了在海南福山、新疆、山西煤层气、辽河等油气田的推广应用，在长庆油田苏东南、苏东、神木等区块相继建立了六个柱塞气举示范区，应用成本较国外降低 70%。

三、技术发展趋势

（1）已形成技术的完善与升级。目前已形成的技术在现场广泛应用，矿场设备比较配套，是后期排水采气技术发展的基础。但已形成的柱塞排水采气技术因为气田开发时间和认识深度的变化，适应性逐渐变差，需要进一步深入研究，完善升级。

（2）加强柱塞排水采气与气藏工程相结合，全面深化气田整体治水研究。柱塞排水采气技术是一项系统工程，单井、单一工艺的作用有限，需要深入结合气藏工程，从气藏层面开展整体治水研究，从而最大限度地降低水侵强度，经济有效地保持整个气田稳产与提高最终采收率[65]。

（3）大数据技术、智能化技术研究与应用。柱塞排水采气技术在我国已经发展应用多年，积累了大量的数据和历史经验，应结合大数据技术，在气井工况诊断、排水采气工艺选择与设计、过程的智能化控制、效果评价等方面都具有广阔的应用前景[66]。

（4）低压低产气田经济有效排水采气接替工艺、新技术攻关。低压低产气井逐渐增多，特别是日产气量小于 $3000m^3$ 的气井大幅增加，现有排水采气工艺的适应性及经济性面临巨大挑战，需要开展低压低产气田经济有效排水采气接替工艺、新技术攻关，避免气井提前报废，严重影响气田开发效益与采收率。

（5）深层／边底水气田柱塞排水采气技术。深层／边底水气田地层、流体、井筒结构等都很复杂，易出现气井水淹停产且难复产，排水采气技术需求迫切，但目前工艺适应性相对较差，无法满足现场需求。

（6）水平井和大斜度井柱塞排水采气技术。水平井产量高、效果好，随着下一步页岩气的大开发，水平井的井数会进一步攀升，因其井身结构特殊，目前常规柱塞排水采气方法效果并不理想，需进一步开展攻关研究，解决日益严重的水平井出水问题。

第二章　柱塞气举排水采气技术装备

柱塞气举排水采气设备主要分为井下设备和地面设备。其中，井下设备主要由柱塞、卡定器、缓冲器等装置组成，柱塞是技术的核心工具，根据不同的气井生产状况选用不同类型的柱塞工具。地面设备主要包括控制器、到达传感器、气动薄膜阀、防喷管等，地面装置相对其他气举方式复杂，要求自动化程度高，易于管理。本章主要介绍了柱塞气举井的管柱结构、井下设备和地面设备情况。

第一节　管柱结构

柱塞气举的井下管柱主要分为开式、闭式、半闭式以及特殊管柱等[67]。不同的储层条件，需要选用不同的井下管柱。柱塞气举的几种主要井下管柱类型如图2-1-1所示。

（1）不带封隔器的开式管柱，如图2-1-1（a）所示，适用于以本井气体为动力的普通柱塞气举，也可以适当从地面注入补充气，辅助柱塞举升。地面注气压力会通过套管作用于地层，如果套压要求较高，当套管不存在液面时，注入气一部分会进入油管，使油套压达到平衡，进入油管上部的这部分气体的能量在实际举升中无任何作用，会造成注入气能量损失。

（2）带封隔器的闭式或半闭式管柱，如图2-1-1（b）所示，适用于井底压力较低、进入油套管地层气较少、需外部补充气源的气井。卡定器下面的一个气举阀应靠近卡定器，作为工作注气阀，在关井压力恢复期间，地层进入井筒的气体能量不足以用于柱塞举升[68]。

（3）带封隔器和井下分离器的特殊管柱，如图2-1-1（c）所示，其特点是让地层气体尽量进入油套环空，作为举升柱塞和液体的能量。

（4）双管柱塞气举管柱，如图2-1-1（d）所示，其特点是全部依靠注入气举升柱塞和液体，能够充分降低井底压力。

如果气田的地层流体含腐蚀性介质，套管可能存在腐蚀、变形和结垢，考虑到后期取封隔器作业的难度大，因此不建议采用带封隔器的管柱；双管柱塞气举管柱的作业难度大，不能充分利用地层气举升，不推荐采用这种管柱，因此，要求井下管柱通常采用不带封隔器的开式管柱。另外，在卡定器下面不推荐安装固定阀，以防固定阀因腐蚀和结垢损坏而导致举升失败。

近年来，随着深层气田的开发以及其他井下特殊要求，现有柱塞气举只能用在相同内径的管柱中举升，对于采用上大下小的组合油管柱，现有柱塞结构不能满足举升需要，在气田这种采用组合管柱（图2-1-2）气井的数量却逐渐增多[69]。中、高渗透气藏水平井主要依赖水平井筒增加泄气面积，改善渗流场特征，尤其是致密气藏水平井提产增效效果显著，但对于水平井（图2-1-3），由于水平井管柱结构的限制，常规柱塞井下坐落器难以在大斜度井段卡定，柱塞无法在全井筒运行，可考虑简化井下作业工作量，取消传统的井下卡定器与缓冲器，将柱塞与缓冲功能组合于一体，实现举液与缓冲的功能，使坐落器下入深度达到要求，保障运行顺利，具体工艺将在第六章进行介绍。

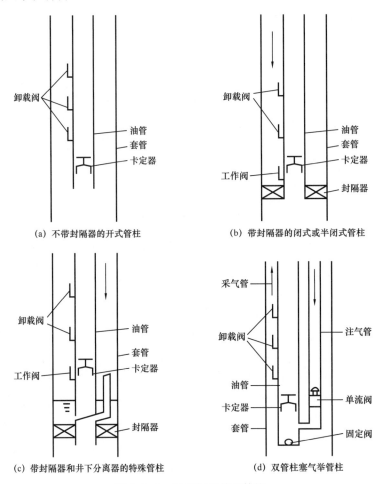

图 2-1-1　柱塞气举井下管柱

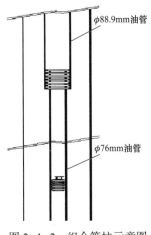

图 2-1-2　组合管柱示意图

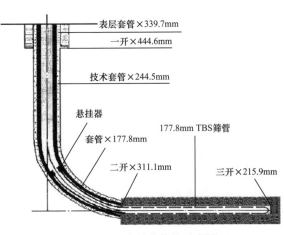

图 2-1-3　水平井管柱示意图

第二节　井下工具

一、柱塞

柱塞是整个系统中活动最频繁的部件，对材质要求高。柱塞工作特性包括三个方面：一是要求柱塞在井筒内上下运行时通畅；二是柱塞在上行过程中与油管之间有良好的密封性；三是柱塞有良好的耐磨性、抗冲击性能。

柱塞类型非常多，具体类型可达数十种之多，系列化柱塞气举工具见表 2-2-1，常用的柱塞总体上可分为衬垫式柱塞、柱状柱塞和刷式柱塞三大类。在考虑耐磨损、防腐蚀、重量轻等现场实际需求的前提下，一些非金属材质柱塞也得到了广泛应用。在现场应用中，针对不同气量气井和气井油管状况、气井出砂等情况进行细化选择应用。

表 2-2-1　系列化柱塞气举工具

柱塞类型	技术特点	适用条件
柱状柱塞	结构简单、耐磨	产量较高
衬垫式柱塞	密封性好	产量较低
刷式柱塞	通过性好	壁面不光滑
非金属柱塞	重量轻、耐腐蚀	腐蚀、产量低
连续生产柱塞	连续生产	日产气量大于 7000m³
组合式柱塞	特殊井积液问题	组合生产管柱
自缓冲柱塞	无须井下限位器	大斜度井（＞60°）
套管柱塞	胶筒密封、自捕捉功能	套管生产井

1. 柱状柱塞

柱状柱塞（图 2-2-1）是一种简单、安全、有效的柱塞类型，在其本体中部表面开有多个一定深度和宽度的紊流槽，当气液通过时，可形成气液混相密封。该类柱塞适用于气液比较高气井，对于井筒内壁产生的蜡、盐、垢具有清洁作用，具有耐磨、成本低、允许井筒内存在微量砂等特点。

图 2-2-1　柱状柱塞

2. 衬垫式柱塞

衬垫式柱塞（图 2-2-2）也称为弹块式柱塞，在其本体中部装有几组可自由伸缩的衬垫。该类柱塞在井筒内运行时，独特的衬垫设计可使该柱塞在一定范围内自动伸缩（自动变径），保持紧贴井壁，产生持续、紧密的密封效果。该类柱塞是所有柱塞种类中举液密封效率最高的一种，通常在低压低产、小水量气井有较好的应用效果。但由于该类柱塞活动组件多，容易被井筒中的压裂砂、地层砂等杂质阻塞，失去自动伸缩功能，从而卡在井筒中，因此该类柱塞在应用中要求井筒清洁无杂质。

3. 刷式柱塞

如图 2-2-3 所示，刷式柱塞中部有一个螺旋加工、柔性尼龙刷子部件，当该柱塞在井筒内运行时，尼龙刷可容纳部分外来杂质[70]。刷式柱塞可以高效清洁井筒中产生的砂、盐和炭粉颗粒物。尼龙刷部件外径较柱塞本体稍大，可与油管形成良好密封，提高系统举升效率。当尼龙刷部分发生磨损时，更换尼龙刷部分即可。刷式柱塞适用于低压、油管不规则、出砂、出盐结垢以及需要高效密封的气井。

图 2-2-2 衬垫式柱塞   图 2-2-3 刷式柱塞

4. 非金属柱塞

非金属柱塞（图 2-2-4）是用耐温、热稳定性好的改性非金属材质作为加工原料，具有耐磨损、防腐蚀、重量轻、易加工的特点，适合于高含 H_2S 或 CO_2 酸性腐蚀环境的气井；质量小（2kg），是常规柱塞质量的一半，更容易举升；材料成本低，加工方便。

5. 连续柱塞

连续排液柱塞（图 2-2-5）不需要开关井就能够实现柱塞正常上升举液和下落，原理是当柱塞到达井口时，柱塞中气流通道打开，不会形成密封，气体从柱塞中能够通过，使柱塞在开井状况下能够顺利掉落至井底；当落入井底后，柱塞内杆与井下缓冲器相撞击，气流通道关闭，柱塞实现密封，在气体推动下，柱塞向上举液运行。连续柱塞在不关井情况下实现排液生产，适用于产气量、产液量大的气井，具有排液效率高的特点。

图 2-2-4 非金属柱塞   图 2-2-5 连续柱塞

6. 组合柱塞

针对组合油管柱生产特点，采用大、小柱塞分别在大、小油管段内运动，大、小组合柱塞结构如图 2-2-6 所示，从而实现分级组合柱塞举升。大、小柱塞外部结构和尺寸根据大、小油管内举升液体进行设计[71]。为实现柱塞举升时分别在小、大油管中举升的接力，大柱塞内部设计为空心流道，其底部带卡簧座，小柱塞为实心结构，顶部为弹簧卡爪。大柱塞底部与小柱塞顶部之间通过弹簧卡爪与卡簧座的配合进行连接；当小柱塞与大柱塞连接后，同时封闭大柱塞中心流道，从而使大、小柱塞成为一个整体在大油管内举升。

7. 自缓冲柱塞

自缓冲柱塞是在柱塞本体中装有压缩弹簧，可以减小柱塞落地时产生的冲击，延长柱塞寿命，简化柱塞气举井下工具结构[72]，主要用于水平气井和大斜度井，抗冲击总成结构如图2-2-7所示。为使柱塞配套装置在水平井大斜率井筒轨迹中达到较好的排液效果，自缓冲柱塞具备以下特点：在斜井段井斜角40°以上仍能保持较好的排液效果，能够下入水平井底部大斜度井段；具有缓冲柱塞落地冲击力的功能；柱塞进入水平段前有变径短节，该位置井筒作为定位台阶，实现柱塞下落的定位功能。

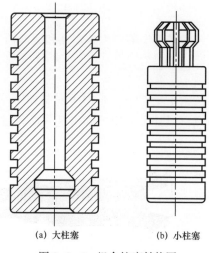

(a) 大柱塞　　　　(b) 小柱塞

图 2-2-6　组合柱塞结构图

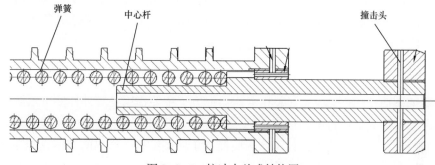

图 2-2-7　抗冲击总成结构图

8. 套管柱塞

套管柱塞如图2-2-8所示，用于无油管完井的产水气井。当进入柱塞上部的液柱段塞达到一定长度时，柱塞的内部旁通阀随之关闭，从而利用地层的产出气能量将柱塞及上方的液柱段塞举升到地面。柱塞到达地面后，其内的旁通阀打开，柱塞开始下落。因柱塞带有橡胶皮碗，套管柱塞上升和下落的速度都很慢，若套管不干净，则会缩短皮碗的使用寿命，从而影响举升效果。

图 2-2-8　套管柱塞

二、井下坐落器

井下坐落器由卡定器和缓冲器组成。

1. 卡定器

卡定器主要是用于限制和定位柱塞在井筒内运行的最大深度，根据不同油管结构特点，设计了卡定式和卡瓦式两种柱塞卡定方案。卡定器如图 2-2-9 所示。常用的油管有 EUE 和 FOX 两种结构，EUE 油管接口处有缝隙，FOX 油管连接光滑，因此设计了卡定式和卡瓦式两种卡定原理，卡定式投放、打捞方便，但仅用于油管有接缝的情况，卡瓦式都能应用。

图 2-2-9　卡定器结构

通常卡定器的下入位置是越接近气层中深越好，这样可以保证柱塞气举工艺运行时，井筒内液位保持最低位。卡定器投放前采用卡簧将坐封头卡住，下入设计深度时，上提卡定器，遇到油管接箍后，卡定器打开并坐封在油管接箍处，投放时要求挂簧不脱开，丢手时投送工具能脱手，打捞可靠。

2. 缓冲器

缓冲器如图 2-2-10 所示，安装在卡定器上方，主要作用是缓冲柱塞下落到井底时的冲击力，考虑柱塞气举运行中，油管中的积液可能会返回进入油套环空及地层中，影响柱塞气举排液效率，在缓冲器上设计了密封胶筒和单向阀结构，产出的液体只能在地层能量推动下进入柱塞上部，防止积液回落。

单向阀作用原理：在缓冲器上部为缓冲弹簧结构，下部开槽，槽中安装密封球，当下部压力高于上部时，球向上移动，通道打开，上部压力高于下部压力时，球向下运动坐于密封座上形成密封。

(a) 三维模型　　　　　　　　　　　　　　　　　(b) 实物图

图 2-2-10　缓冲器结构

第三节　井口装置

柱塞气举井口装置如图 2-3-1 所示，主要包括柱塞控制器、到达传感器、防喷总成、柱塞捕捉器、气动薄膜阀、太阳能供电系统等。

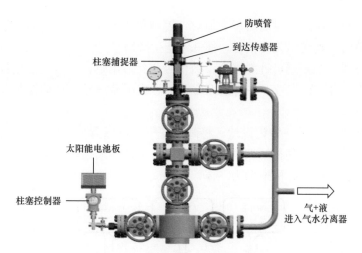

图 2-3-1　柱塞气举井口装置示意图

一、柱塞控制器

如图 2-3-2 所示，柱塞控制器的主要功能是控制开关井的时机，是整个柱塞气举控制系统的核心设备，用以实现对柱塞循环周期的自动控制。可依据时间、柱塞运行速度、套压、差压、流量等参数变化规律来判断合理开关井时机，使柱塞运行能够维持在较好状态；控制器的执行机构通常是一个微型电磁阀，通过是否供给气动薄膜阀气源来实现气井开关井的操作，使柱塞的举升液量和气井产量相适应，尽可能避免井底积液过多，维持气井的正常生产。

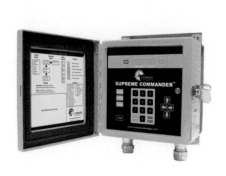

图 2-3-2　柱塞控制器

柱塞控制器的基本控制方式有 3 种，即时间控制方式、压力控制方式和自动控制方式。

时间控制方式：控制器按照设定的时间开关控制柱塞气举运行。控制器根据设定的时间间隔来决定是否送出开启或关闭控制信号给阀门，从而控制阀门的开关频率及开关持续时间。

压力控制方式：控制器的控制信号随压力的变化而变化。当这种类型的控制器应用于柱塞气举时，一旦套压达到设定的最大值时，控制器送出开井信号；而一旦套压降低到预先设定的最小值时，则送出关井信号，使井停止生产。

自动控制方式：控制器可针对多个参数信号变化做出响应，这些信号包括柱塞到达关断信号、高/低压力控制信号、井筒液面位置信号或压差信号。自动控制方式应用范围更广，适应性更强。

柱塞气举控制器采用一体化设计，将高精度压力传感器（套压）、高精度时钟、数据采集器、数据存储器、液晶显示器、轻触式键盘、RS485通信接口、太阳能电池板、可充电镍氢电池、外壳等部件有机地融为一体，各构成部件的原理框图如图2-3-3所示。

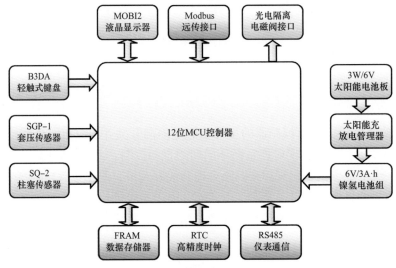

图2-3-3 控制器的构成原理框图

二、到达传感器

到达传感器的作用是感应柱塞到达并将脉冲信号传达给控制器。一般到达传感器通过监测磁通量变化来实现感应柱塞是否到达井口，结合控制器的时间计时器，即可得到柱塞到达时间，从而计算出柱塞在井筒内的运行速度，为柱塞运行参数优化提供重要依据。

柱塞到达传感器检测防喷管内柱塞的到达与跌落，并将柱塞的运行信息报告给柱塞控制器。针对位于密闭油管内的柱塞检测难题，选择灵敏度、抗干扰能力、响应速度俱佳的磁传感器作为检测元件，同时充分考虑其是否满足功耗、激励、数据交互等功能需要，柱塞到达传感器原理如图2-3-4所示。

三、其他装置

1. 防喷总成

防喷总成如图2-3-5所示，防喷总成与采气树采用法兰连接，安装在测试闸阀之上，主要由防喷管、防喷帽、缓冲弹簧和撞击块组成。防喷管上有可拆卸的防喷帽，拆去防喷帽后，防喷管上有内外螺纹，内螺纹可以与测试装置相连接，方便后期作业；防喷管上安装有柱塞捕捉器，用于捕捉柱塞；三通旋塞阀，用于安装油压传感器和放空旋塞阀；防喷管内部安装柱塞到达井口的缓冲弹簧和撞击块，用于缓冲柱塞上行到达地表时较大的向上冲击力，可有效保护柱塞和其他地面装置。

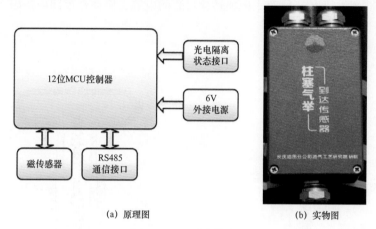

(a) 原理图　　　　　　(b) 实物图

图 2-3-4　到达传感器

2. 柱塞捕捉器

柱塞捕捉器采用弹簧伸缩机构设计，在柱塞运行时保持打开状态，当需要取出柱塞检查时，将该捕捉器关闭，即可在柱塞到达井口后捕捉住柱塞，节省了额外的钢丝作业打捞费用。

一些低产的气井在续流时气井能量不足以支持柱塞停留在井口，可使用一种自动捕捉器，在每次柱塞到达井口后捕捉住柱塞，关井后释放柱塞落回井底，辅助柱塞气举系统运行。

3. 气动薄膜阀

气动薄膜阀结构如图 2-3-6 所示，它是整套柱塞气举系统开关井操作的执行者，主要功能是接收到地面控制器设置自动开关指令后，通过启动薄膜阀进行开关井控制，以便控制柱塞的上下运行。

气动薄膜阀工作原理如图 2-3-7 所示，当气室输入了 0.02～0.30MPa 信号压力之后，薄膜推动推力盘向上（下）移动，压缩弹簧，带动推杆、阀杆和阀芯向上（下）移动，使阀芯离开阀座，当信号压力保持一个定值时，阀门可维持在一定的开度上。

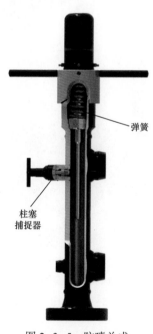

弹簧

柱塞捕捉器

图 2-3-5　防喷总成

4. 太阳能供电系统

由于天然气井场偏远、分散、地形复杂、人烟稀少，井场外部没有电力供应，因此井口的各仪器仪表设备采用太阳能供电系统较为合适，具有一次性投资少、效果好的特点。

太阳能供电系统由太阳能电池板、蓄电池组成。其中，太阳能电池板是太阳能供电系统的核心部分，它是一种能量转换装置，可以将太阳能转化为电能，或直接供井口设备使用，或给蓄电池充电将电能储存起来，为柱塞控制器提供能量，用以维持柱塞控制器的正常工作。蓄电池主要用于储存太阳能转化过来的电能，以便在夜间或阴雨天给负载提供电能。

图 2-3-6　气动薄膜阀

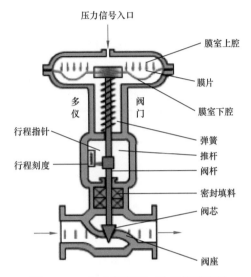

图 2-3-7　气动薄膜阀工作原理示意图

5. 油压、套压变送器

图 2-3-8　数字压力变送器

数字压力变送器如图 2-3-8 所示。对于任何一口天然气井，油压、套压的测量都是必不可少的，对于柱塞气举工艺，油压、套压的测量更为重要，反映了气井生产能力的好坏，通过油套压差可判断井筒积液情况以及柱塞气举工艺效果的好坏。套压由装在套管阀门外的套压传感器测量，反映井口油套环空的压力。油压由装在油管阀门外的油压传感器测量，反映井口油管的压力。

为满足柱塞气举工艺在无人值守的情况下可随时记录压力数据，并可将数据传输给井口控制器记录保存，油压、套压的测量应选用数字压力变送器。

第三章　柱塞密封性及举液效率评价

在柱塞排水采气工艺的应用过程中，柱塞的密封性和排液举升效率是柱塞工艺效果的重要指标，可确定柱塞工艺能否取得显著成效。本章将基于柱塞工艺下的井筒多相流理论，设计柱塞气举模拟实验，建立柱塞气举数值模拟方法，评价不同类型柱塞的密封性，以及柱塞气举在不同气液条件下的举液效率。

第一节　井筒多相流模型

气井流体流动特征是研究气井井筒流动与积液特征的基础。通过研究井筒中水平段、倾斜段和垂直段的积液形成过程和气水流动过程中的流型转变，为后续数值模拟过程中的气井井筒多相流模型的建立奠定基础。

一、井筒多相流流型

1. 垂直段井筒流型

对于垂直上升管两相流流型的预测，常见的经验流型图有 Duns-Ros 流型图、Hewitt-Roberts 流型图、Aziz 流型图、Gould 流型图，其中应用最多的是 Duns-Ros 流型图。1963年，Duns 和 Ros 在直径为 32～142.3mm 的垂直管中开展了油气两相流实验，实验数据的范围见表 3-1-1[73-74]。

表 3-1-1　流型图的适用范围

名称	适用范围
管子的内直径 D/mm	32～142.3
液相密度 ρ_l/（kg/m³）	828～1000
表面张力 σ/（mN/m）	24.5～72
气相表观速度 v_{sg}/（m/s）	0～100
液相表观速度 v_{sl}/（m/s）	0～3.2

如图 3-1-1 所示，图中 I 区液相为连续相，包括泡状流、弹状流和部分沫状流；II区液相、气相交替出现，包括段塞流和沫状流；III 区为雾状流区域，气相为连续相。II 区中的 H 区是指气弹逐渐变平区域，该区域气弹顶部逐渐变平，流动状态极不稳定[75-77]。

2. 倾斜段井筒流型

目前对倾斜管段流型图的研究相对较少，1972 年 Gould 等在倾角为 45°、管径为

25mm 的倾斜上升管中开展了气液两相流实验，以气、液相无量纲速度准数为横、纵坐标绘制了相应管斜的流型图，如图 3-1-2 所示，该图将倾斜管流型划分为泡状流、弹状流、块状流和环状流 4 种流型。

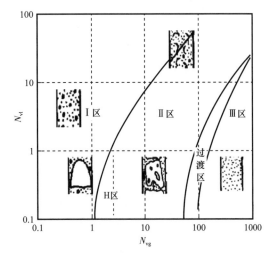

图 3-1-1　Duns-Ros 流型图

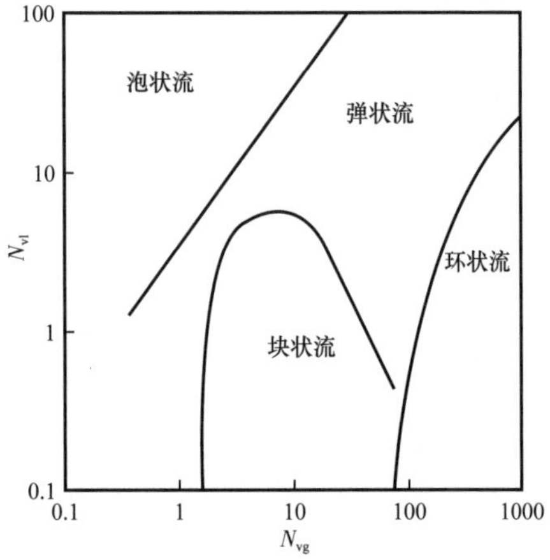

图 3-1-2　Gould 流型图（倾角为 45°）

N_{vl}—液相无量纲速度准数；N_{vg}—气相无量纲速度准数

3. 水平段井筒流型

对于水平井筒流型的预测，常见的经验流型图有 Goiver 流型图和 Mandhane 流型图。1973 年，Mandhane 等开展了气液两相流动实验，获得近 6000 个实验数据点，其流型图的适用范围见表 3-1-2[78]。

表 3-1-2　Mandhane 流型图的适用范围

名称	适用范围
管内径 D/mm	12.7～165.1
液相密度 ρ_l/（kg/m³）	705～1009
气相密度 ρ_g/（kg/m³）	0.8～50.5
液相动力黏度 μ_l/（Pa·s）	3×10^{-4}～9×10^{-2}
气相动力黏度 μ_g/（Pa·s）	1×10^{-5}～2.2×10^{-5}
表面张力 σ/（mN/m）	24～103
气相表观速度 v_{sg}/（m/s）	0.04～171
液相表观速度 v_{sl}/（m/s）	0.09～731

Mandhane 等以气、液相表观流速为横、纵坐标绘制了如图 3-1-3 所示的水平管流流型图。

二、多相管流压降模型

自 1964 年 Duns 和 Dos 在实验室研究气液两相流至今，气液两相流的理论已发展成流体力学中的新分支。仅针对石油矿场垂直井气液两相流已发表的计算方法就很多，例如，Hagedorn-Brown 法（1965）、Orkiszewski 法（1967）、Aziz & Govier 法（1972）、Chierice 法（1974）以及 1988 年发表的 Hasan & Kabir 的计算方法等，都是目前可行并为矿场采用的方法[79-80]。

1. Hagedorn-Brown 模型

Hagedorn 和 Brown（1965）基于所假设的压力梯度模型，根据大量的现场试验数据反算持液率，提出了用于各种流型的两相垂直上升管流压降关系式。该压降关系式不需要判别流型，因此适用于产水气井流动条件[81-83]。忽略由于动能变化引起的压降梯度，则压降方程为：

$$\frac{\mathrm{d}p}{\mathrm{d}z} = \rho_{\mathrm{m}} g + f_{\mathrm{m}} \frac{G_{\mathrm{m}}^2}{2DA^2 \rho_{\mathrm{m}}} \tag{3-1-1}$$

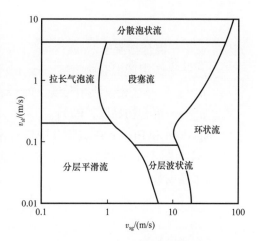

图 3-1-3　Mandhane 流型图

式中　$\mathrm{d}p/\mathrm{d}z$——单位井段压降，MPa/m；

　　　ρ_{m}——混合物密度，kg/m³；

　　　g——重力加速度，m/s²；

　　　f_{m}——两相摩阻系数；

　　　G_{m}——气液混合物质量流量，kg/s；

　　　D——油管内径，m；

　　　A——油管截面积，m²。

两相摩阻系数 f_{m} 采用 Jain 公式计算：

$$\frac{1}{\sqrt{f_{\mathrm{m}}}} = 1.14 - 2\lg\left(\frac{e}{D} + \frac{21.25}{N_{\mathrm{Re}}^{0.9}}\right) \tag{3-1-2}$$

式中　e——管壁粗糙度，mm；

　　　N_{Re}——雷诺数。

两相雷诺数由式（3-1-3）计算：

$$N_{\mathrm{Rem}} = \frac{\rho_{\mathrm{ns}} v_{\mathrm{m}} D}{\mu_{\mathrm{m}}} \tag{3-1-3}$$

其中：

$$\mu_{\mathrm{m}} = \mu_{\mathrm{l}}^{H_{\mathrm{L}}} \mu_{\mathrm{g}}^{(1-H_{\mathrm{L}})}$$

$$v_m = v_{sl} + v_{sg}$$

式中　v_m——混合物流速，m/s；

　　　ρ_{ns}——无滑脱混合物密度，kg/m³；

　　　μ_g，μ_l——气相、液相黏度，Pa·s；

　　　μ_m——混合物黏度，Pa·s。

Hagedorn 和 Brown 在试验井中进行两相流实验，得出了持液率的三条相关曲线。如图 3-1-4 至图 3-1-6 所示，使用这三条曲线计算时，需要计算下列四个无量纲量[84-85]：

液相速度数：

$$N_{LV} = v_{sl}\left[\rho_l / (g\sigma)\right]^{1/4} \tag{3-1-4}$$

气相速度数：

$$N_{GV} = v_{sg}\left[\rho_l / (g\sigma)\right]^{1/4} \tag{3-1-5}$$

液相黏度数：

$$N_L = \mu_l\left[g / (\rho_l\sigma^3)\right]^{1/4} \tag{3-1-6}$$

管径数：

$$N_D = D\left(\rho_l g / \sigma\right)^{1/2} \tag{3-1-7}$$

式中　σ——液体表面张力，N/m。

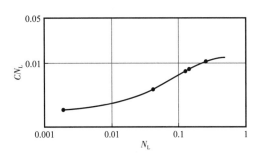

图 3-1-4　N_L 与 CN_L 关系

H_L 计算步骤如下：

（1）计算流动条件下的上述四个无量纲量。

（2）由图 3-1-4 确定 CN_L 值。

（3）由图 3-1-5 确定 H_L/Ψ 值。

（4）由图 3-1-6 确定 Ψ 值。

（5）计算 $H_L = (H_L/\Psi)\,\Psi$。

2. Duns-Ros 模型

Duns-Ros（1963）对影响两相管流的 13 个变量进行了无量纲分析，并对无量纲分析确立的 10 个无量纲量进行了深入研究[86]。分析认为液相速度数、气相速度数、液相黏度数、管径数能较全面地描述两相管流现象。在 10m 的垂直管进行了约 4000 次多相管流实验，获得了 2 万多个数据点，最终总结出了流态分布图[87]，实验参数变化范围详见表 3-1-3。

3. Orkiszewski 模型

Orkiszewski（1967）采用 148 口油井现场试验数据，通过对比分析多个气液两相流模型，不同流型下的多相流计算方法见表 3-1-4[88]。

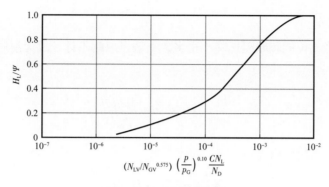

图 3-1-5 持液率系数

p—井段平均压力，MPa；p_G—标准状态的压力，取 0.101MPa

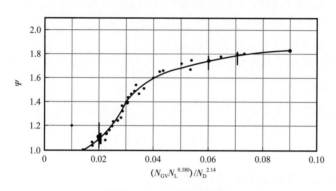

图 3-1-6 修正系数

表 3-1-3 Duns-Ros 模型实验参数变化范围

参数	变化范围
管内径 /mm	32～142.3
液体密度 /（kg/m³）	828～1000
液相运动黏度 /（mm²/s）	1～337
表面张力 /（mN/m）	24.5～72
气相表观速度 /（m/s）	0～100
液相表观速度 /（m/s）	0～3.2

表 3-1-4 Orkiszewski 方法的组成

流型	选用方法
泡流	Griffith 和 Wallis
段塞流	密度项对 Griffith 和 Wallis 公式做了修正，摩阻项用 Orkiszewski 方法
过渡流	Duns-Ros 模型
雾状流	Duns-Ros 模型

4. 无滑脱模型

管流动能压降比位能和摩阻压降小得多，一般可忽略不计，故无滑脱压力梯度基本方程可表示为[89-90]：

$$\frac{dp}{dz} = \rho_{ns} g \sin\theta + \frac{f_{ns} q_l^2 m_t^2}{\rho_{ns} D^5} \quad (3-1-8)$$

无滑脱气液混合物的密度：

$$\rho_{ns} = \rho_l \lambda_L + \rho_g (1-\lambda_L) \quad (3-1-9)$$

式中　θ——油管与水平方向的夹角，(°)；

λ_L——无滑脱持液率；

ρ_{ns}——无滑脱气液混合物密度，kg/m^3；

f_{ns}——无滑脱两相摩阻系数；

q_l——液体体积流量，m^3/s；

m_t——地面标准条件下，每产 $1m^3$ 液体伴生气液的总质量，kg/m^3。

$$\mu_{ns} = \mu_l \lambda_L + \mu_g (1-\lambda_L) \quad (3-1-10)$$

式中　μ_{ns}——无滑脱气液混合物黏度，mPa·s。

1973 年，Beggs 和 Brill 基于由均相流动能量守恒方程式所得出的压力梯度方程式，利用倾斜透明管道中空气、水混合物的大量实验数据，分析沿程阻力系数与持液率的规律，得出了双对数水平流动的形态图[91-92]。

假设外界没有对气液混合物做功，混合物也没对外做功，则对于单位质量的气液混合物，稳定流动的机械能量守恒方程的微分形式可写为[93-95]：

$$-\frac{dp}{dz} = \rho \frac{dE}{dz} + \rho g \sin\theta + \rho v \frac{dv}{dz} \quad (3-1-11)$$

式中　E——物体内所有分子的动能和势能总和，J。

因式（3-1-11）可知，总压力梯度是摩阻压力、重力压力和加速压力三者之和。Beggs 和 Brill 结合实验与理论研究得出倾斜段多相压降模型为：

$$-\frac{dp}{dz} = \frac{\left[\rho_l H_L + \rho_g (1-H_L)\right] g \sin\theta + \frac{\lambda G v}{2DA}}{1 - \left\{\left[\rho_l H_L + \rho_g (1-H_L)\right] v v_{sg}\right\}/p} \quad (3-1-12)$$

5. Beggs-Brill 模型

Beggs-Brill（1973）根据均相流动能守恒方程式得出了多相流压力梯度方程；在直径为 1in、$1\frac{1}{2}$in，长为 13.7m 的倾斜管中以水和空气作为流动介质进行了大量实验，得出了不同倾斜管道中多相流动的持液率和阻力系数的相关规律[96-98]。实验中各参数的变化范围见表3-1-5。

表 3-1-5 Beggs-Brill 实验参数变化范围

参数	变化范围
气体流量 /（m³/s）	0~0.098
液体流量 /（m³/s）	0~0.0019
管段平均压力（绝）/MPa	0.25~0.67
管内径 /mm	25.4、38.1
持液率	0~0.87
压力梯度 /（MPa/100m）	0~0.185
管段倾角 /（°）	-90~90

其压降计算公式为：

$$-\frac{\mathrm{d}p}{\mathrm{d}l} = \frac{\left[H_L\rho_l + \left(1-H_L\right)\rho_g\right]g\sin\theta + \lambda\frac{2vG}{\pi D^3}}{1 - \frac{\left[H_L\rho_l + \left(1-H_L\right)\rho_g\right]vv_{sg}}{p}} \qquad (3-1-13)$$

式中　p——dl 管段内流动介质的平均压力，Pa；

H_L——截面含液率；

λ——两相混输水力摩阻系数；

ρ_l——液相密度，kg/m³；

ρ_g　气相密度，kg/m³；

G——混合物质量流量，kg/s；

v——混合物流速，m/s；

v_{sg}——气相表观流速，m/s；

D——管内径，m；

θ——管段倾角，rad。

式（3-1-13）为考虑管路起伏影响后的压降梯度计算公式，既可用于倾斜管线的计算，又可用于水平管路的计算。当截面含液率等于 1 或 0 时，即为单相液体或单相气体的压降梯度计算公式[99-102]。

6. Mukherjee-Brill 模型

Mukherjee 和 Brill（1985）在 Beggs 和 Brill（1973）研究工作的基础上，改进了实验条件，对倾斜管两相流的流型进行了深入研究，提出了更适用倾斜管的两相流流型判别准则[103]。Mukherjee-Brill 模型的压降梯度方程为：

$$\frac{\mathrm{d}p}{\mathrm{d}z} = -\frac{\rho_m g \sin\theta + f_m \rho_m v_m^2 / (2D)}{1 - \rho_m v_m v_{sg} / p} \qquad (3-1-14)$$

Mukherjee–Brill 模型持液率公式共有三个：一个用于水平流和上升流动；另外两个分别用于下降流的分层流和其他流型。Mukherjee–Brill 模型持液率只是控制流型的三个无量纲量的函数[104]。

$$H_L = \exp\left[\left(c_1 + c_2\sin\theta + c_3\sin^2\theta + c_4 N_L^2\right)\frac{N_{GV}^{c_5}}{N_{LV}^{c_6}}\right] \qquad (3-1-15)$$

式中　c_1，c_2，c_3，c_4，c_5，c_6——回归系数；

　　　θ——管斜角，与水平方向的夹角，取值 $0° \sim \pm 90°$。

对于垂直生产井，$\theta = 90°$；对于垂直注入（蒸汽）井，$\theta = -90°$。

持液率公式的各个回归系数见表 3-1-6。

表 3-1-6　持液率公式回归系数

流向	向上和水平流	向下流	
流型	所有	分层流	其他
c_1	−0.380113	−1.33082	−0.516644
c_2	0.129875	4.808139	0.789805
c_3	−0.119788	4.171584	0.551627
c_4	2.343227	56.262268	15.519214
c_5	0.4775686	0.079951	0.371771
c_6	0.288657	0.504887	0.393952

Mukherjee–Brill 模型两相流摩阻系数考虑了流型的变化。对于油井，流体是向上或水平（水平井段）流动，在确定摩阻系数时，只需区分泡流—段塞流和环流，其判别式为：

$$N_{GVSM} = 10^{1.401 - 2.694 N_L + 0.521 N_{LV}^{0.329}} \qquad (3-1-16)$$

若 $N_{GV} \geqslant N_{GVSM}$，则为环流，否则为泡流—段塞流。

对于泡流—段塞流，两相摩阻系数 f_m 用无滑脱摩阻系数 f_{ns}，采用 Jain 公式计算。其中，无滑脱雷诺数用式（3-1-17）计算。

$$N_{Rens} = \frac{v_m \rho_{ns} D}{\mu_{ns}} \qquad (3-1-17)$$

其中，无滑脱混合物密度计算公式为：

$$\rho_{ns} = \lambda_L \rho_l + (1 - \lambda_L)\rho_g \qquad (3-1-18)$$

无滑脱混合物黏度计算公式为：

$$\mu_{ns} = \lambda_L \mu_l + \left(1 - \lambda_L\right)\mu_g \qquad (3-1-19)$$

无滑脱持液率计算公式为：

$$\lambda_L = \frac{v_l}{v_m} \qquad (3-1-20)$$

对于环流，其两相摩阻系数 f_m 考虑为相对持液率 H_R 和无滑脱摩阻系数 f_{ns} 的函数，确定步骤如下。

（1）计算相对持液率：

$$H_R = \frac{\lambda_L}{H_L} \qquad (3-1-21)$$

（2）按表 3-1-7 所列出的 H_R 与 f_R 的关系，根据 H_R 确定摩阻系数比 f_R。

（3）根据 N_{Rens} 由 Jain 公式计算 f，即为 f_{ns}。

$$f_m = f_R f_{ns} \qquad (3-1-22)$$

表 3-1-7　H_R 与 f_R 的关系

H_R	0.10	0.20	0.30	0.40	0.50	0.70	1.00
f_R	1.00	0.98	1.20	1.25	1.30	1.25	1.00

7.Gray 模型

Gray 模型（1978）适用于存在凝析油等多相流井筒环境，曾与 108 口井的资料进行了比较，其预测结果优于十气井。其压降梯度方程为：

$$dp = \frac{g}{g_c}\left[\zeta\rho_g + \left(1-\zeta\right)\right]dh + \frac{f_t G^2}{2g_c D\rho_{mf}}dh + \frac{G^2}{g_c}d\left(\frac{1}{\rho_{mi}}\right) \qquad (3-1-23)$$

其中，ζ 为从少量的凝析油数据系统中获得的气体体积分数，构成一个反映反转现象的简化模型，与相对密度、压力和温度相关[105]。

$$\zeta = \frac{1 - \exp\left\{-2.314\left[N_v\left(1 + \frac{205}{N_D}\right)\right]^B\right\}}{R + 1} \qquad (3-1-24)$$

其中

$$B = 0.0814\left[1 - 0.0554\ln\left(1 + \frac{730R}{R+1}\right)\right]$$

$$N_v = \frac{\rho_m^2 v_{sm}^2}{q\tau(\rho_l - \rho_g)}$$

$$N_D = \frac{g(\rho_l - \rho_g)D^2}{\tau}$$

$$R = \frac{v_{so} + v_{sw}}{v_{sg}}$$

式中　g——重力加速度，m/s^2；

　　　g_c——重力常数；

　　　ζ——凝析油中气体的体积分数；

　　　h——井筒长度，m；

　　　f_t——混合物摩阻系数；

　　　ρ_{mf}——混合物密度，kg/m^3；

　　　ρ_{mi}——无滑脱混合物密度，kg/m^3；

　　　v_{sm}——混合物流速，m/s；

　　　τ——混合物表面张力，N/m；

　　　v_{so}——油相流速，m/s；

　　　v_{sw}——水相流速，m/s。

三、井筒多相管流温度预测模型

当流体沿井筒方向从地层流至井口，由于地层温度较高，气水在井筒做高速流动时，流体温度与井筒近井地带温度未达到稳定平衡状态[106-107]。因此，在预测多相井筒流动温度时不能简单地用地层静温代替，而是需要根据井筒的实际流动情况，综合考虑流体混合比热容、地层导热系数和地层传热系数等因素，建立适用于多相的井筒流动温度预测模型，选取井筒微元段进行传热分析[108]，如图3-1-7所示。

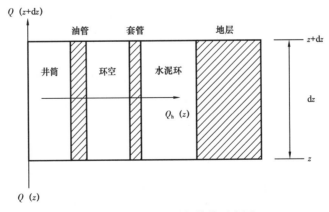

图3-1-7　井筒微元段传热示意图

在油管上取长为 dz 的微元体，取井底为坐标原点，垂直向上为正，根据能量守恒定律可知：气体流经微元体时，以对流方式流入微元体的热量等于流出微元体的热量加上微元体向地层传递的热量[109-111]：

$$Q(z) = Q(z+dz) + Q_h(z)$$
$$Q(z) = w_t C_{pm} T_f(z) \qquad (3-1-25)$$
$$Q(z+dz) = w_t C_{pm} T_f(z+dz)$$

式中 $Q(z)$——流入微元体的热量，J；

$Q(z+dz)$——流出微元体的热量，J；

$Q_h(z)$——微元体向地层传递的热量，J；

w_t——总质量流量，kg/s；

C_{pm}——流体定压比热容，J/（kg·℃）；

T_f——微元段起点温度，℃。

鉴于所取微元段 dz 相对较短，在微元段内的径向传热可近似地按微元段起点与井筒和地层界面的温差计算，则气体向第二接触面径向传递的热量可近似表达为：

$$Q_h(z) = 2\pi r_{to} U_{to}(T_f - T_h)dz \qquad (3-1-26)$$

式中 r_{to}——油管外径，m；

U_{to}——总传热系数，J/（s·m²·℃）；

T_f——微元段起点温度，℃；

T_h——井筒与地层界面温度，℃。

同理，从第二界面向周围地层的径向传热量为：

$$Q_\infty(z) = \frac{2\pi k_e(T_h - T_e)}{f(t)}dz \qquad (3-1-27)$$

式中 k_e——地层导热系数，J/（s·m²·℃）；

T_e——地层温度，℃；

$f(t)$——瞬态传热系数。

显然，从井筒传到第二接触面的热量等于从第二接触面传给周围地层的热量。

$$T_h = \left(T_f f(t) + \frac{k_e}{r_{to} U_{to}} T_e\right) / \left[f(t) + \frac{k_e}{r_{to} U_{to}}\right] \qquad (3-1-28)$$

推导可得：

$$w_t C_{pm} \partial T_f / \partial z = 2\pi r_{to} U_{to} k_e(T_e - T_f) / \left[k_e + f(t) r_{to} U_{to}\right] \qquad (3-1-29)$$

计算每一段出口处气体温度的公式为：

$$T_{out} = T_{eout} + \frac{1-\mathrm{e}^{A\Delta h}}{A}\left(-\frac{g\sin\theta}{C_{pm}} + \mu\frac{\mathrm{d}p}{\mathrm{d}z} - \frac{v}{C_{pm}}\frac{\mathrm{d}v}{\mathrm{d}z} + g\sin\theta\right) + \mathrm{e}^{A\Delta h}\left(T_{in} - T_{ein}\right) \quad （3-1-30）$$

如考虑气体和管壁之间的摩擦生热，则有：

$$T_{out} = T_{eout} + \frac{1-\mathrm{e}^{A\Delta h}}{A}\left(-\frac{g\sin\theta}{C_{pm}} + \mu\frac{\mathrm{d}p}{\mathrm{d}z} - \frac{v}{C_{pm}}\frac{\mathrm{d}v}{\mathrm{d}z} + g\sin\theta + \frac{fv^2}{2C_{pm}D}\right) + \mathrm{e}^{A\Delta h}\left(T_{in} - T_{ein}\right) \quad （3-1-31）$$

式中　　T_{out}——出口温度，℃；

T_{eout}——地层流出温度，℃；

Δh——井壁厚度，m；

A——井段截面积，m^2；

T_{in}——入口温度，℃；

T_{ein}——地层流入温度，℃。

式（3-1-31）即为井筒多相温度预测模型。

四、水平井井筒流型

与水平圆管多相流流型划分方法相似，水平井筒中多相流主要分为分层流、间歇流、分散泡状流和环雾流四种流型[112]。其中，分层流包括层状流、波状流；间歇流包括段塞流和弹状流；环雾流包括环空流和雾状流。

1. 层流压降计算模型

微元段内的总压降为摩阻压降、重力压降和加速压降之和，用数学表达式表达为：

$$\frac{\mathrm{d}p}{\mathrm{d}L} = \left(\frac{\mathrm{d}p}{\mathrm{d}L}\right)_f + \left(\frac{\mathrm{d}p}{\mathrm{d}L}\right)_g + \left(\frac{\mathrm{d}p}{\mathrm{d}L}\right)_{acc} \quad （3-1-32）$$

根据 Ouyang 的研究成果，在普通圆管多相流动压降计算理论的基础上，考虑动量守恒和质量守恒，分别建立气液两相变质量分层流流态下的压力梯度方程：

$$A_g\frac{\mathrm{d}p}{\mathrm{d}L} = -\tau_m Z_m - \tau_g Z_g - 2\rho_g v_g q_{ig} \quad （3-1-33）$$

$$A_w\frac{\mathrm{d}p}{\mathrm{d}L} = \tau_m Z_m - \tau_w Z_w - 2\rho_w v_w q_{iw} \quad （3-1-34）$$

式中　　τ_g，τ_w——气相、水相与井壁间的剪切应力，Pa；

Z_g，Z_w——过流断面处气相、水相与井壁接触的周长，m；

q_{ig}，q_{iw}——气相、水相管壁径向流入的体积流量，m^3/s；

A_g——轴向雾流所占过流断面的面积，m^2；

τ_{m}——混合物与井壁间的剪切应力，Pa；

Z_{m}——混合物运行距离，m；

A_{w}——轴向液流所占过流断面的面积，m^{2}。

该微元段压降为：

$$\frac{\mathrm{d}p}{\mathrm{d}L} = \frac{-\tau_{w}Z_{w} - 2\rho_{w}v_{w}q_{iw} - \tau_{g}Z_{g} - 2\rho_{g}v_{g}q_{ig}}{A} \qquad (3\text{-}1\text{-}35)$$

式中　A——轴向混合物所占过流断面的面积，m^{2}。

2. 环雾流压降计算模型

当水平井筒中只有水相与井壁接触形成一圈环形的水膜，被水膜包裹在中间的是连续流动的气相以及分散的水滴时，就会出现如图3-1-8所示的环雾流。

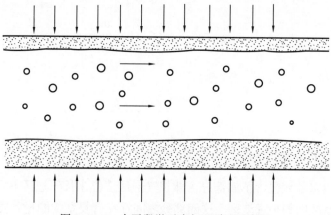

图3-1-8　水平段微元多相环雾流示意图

由图3-1-8可以看出，井壁流入只影响与井壁接触的水膜部分，同时不难看出只有水相与井壁之间存在摩擦作用。处于中间的连续气相与包裹它的水膜之间存在摩擦产生的剪切应力。将中间的气相以及分散其中的小水滴视为一个整体，可得水相和气相的动量方程：

$$A_{w}\frac{\mathrm{d}p}{\mathrm{d}L} = \tau_{m}Z_{m} - \tau_{w}Z_{w} - 2\rho_{w}A_{w}v_{w}\frac{\mathrm{d}v_{w}}{\mathrm{d}L} \qquad (3\text{-}1\text{-}36)$$

$$A_{g}\frac{\mathrm{d}p}{\mathrm{d}L} = -\tau_{m}Z_{m} - 2\rho_{gw}A_{g}v_{g}\frac{\mathrm{d}v_{g}}{\mathrm{d}L} \qquad (3\text{-}1\text{-}37)$$

以上两式中 $\mathrm{d}v_{w}/\mathrm{d}L$ 和 $\mathrm{d}v_{g}/\mathrm{d}L$ 分别表示该微元段轴向水相和气相的速度变化。对于水相：

$$\rho_{w}v_{wi}A_{wi} + \Delta L\rho_{w}Q_{iw} = \rho_{w}v_{wi-1}A_{wi-1} + \Delta C \qquad (3\text{-}1\text{-}38)$$

由于中间雾流中存在小水滴，水膜与轴向雾流之间传递的质量 ΔC：

$$\Delta C = \rho_{\mathrm{w}} Fe_{i-1} A_{\mathrm{g}i-1} v_{\mathrm{g}i-1} - \rho_{\mathrm{w}} Fe_i A_{\mathrm{g}i} v_{\mathrm{g}i} \tag{3-1-39}$$

式中　Fe——中间轴向雾流中包含水相的体积含液率；

　　　A_{g}——轴向雾流所占过流断面的面积，m^2。

该微元段压降为：

$$\frac{\mathrm{d}p}{\mathrm{d}L} = \frac{-\tau_{\mathrm{w}} Z_{\mathrm{w}} - 2\rho_{\mathrm{w}} v_{\mathrm{w}} \left(q_{\mathrm{iw}} - \dfrac{Fe}{1-Fe} q_{\mathrm{ig}} \right) - 2\rho_{\mathrm{g}} v_{\mathrm{g}} \left(\dfrac{q_{\mathrm{ig}}}{1-Fe} \right)}{A} \tag{3-1-40}$$

3. 分散泡状流压降计算模型

当水平段中流体流速较快时会出现两相分散泡状流。将水平段中的多相分散泡状流视为一种恒质的单相流体，根据动量方程可以得到如下关系式：

$$A\frac{\mathrm{d}p}{\mathrm{d}L} = -\tau Z - 2\rho_{\mathrm{gw}} A v_{\mathrm{gw}} \frac{\mathrm{d}v_{\mathrm{gw}}}{\mathrm{d}L} \tag{3-1-41}$$

变形之后可得：

$$\frac{\mathrm{d}p}{\mathrm{d}L} = \frac{-\tau Z - 2\rho_{\mathrm{gw}} v_{\mathrm{gw}} q_{\mathrm{igw}}}{A} \tag{3-1-42}$$

4. 间歇流压降计算模型

一个完整的段塞单元包含了四部分，即长气泡区，位于长气泡区下面的水膜区和段塞区，以及位于段塞区内的小气泡区。这四部分之间存在着复杂的能量和质量的传递。

图 3-1-9 所示为一个完整的段塞单元，可以清晰地观察到上文提及的四部分，该微元段水平井筒中水相的动量方程为：

$$\left[(pA)_{i-1} - (pA)_i \right] = \tau_{\mathrm{B}} \pi D L_{\mathrm{B}} - \tau_{\mathrm{A}} Z_{\mathrm{A}} L_{\mathrm{A}} - \tau_{\mathrm{g}} Z_{\mathrm{g}} L_{\mathrm{A}} + \left(\rho_{\mathrm{gw}} A_i v_{\mathrm{gw}i}^{\,2} - \rho_{\mathrm{gw}} A_{\mathrm{o}} v_{\mathrm{gw}i-1}^{\,2} \right) \tag{3-1-43}$$

由质量守恒可知：

$$\rho_{\mathrm{w}} \left(A v_{\mathrm{w}i} + L_{\mathrm{D}} q_{\mathrm{iw}} \right) = \rho_{\mathrm{w}} A v_{\mathrm{w}i-1} \tag{3-1-44}$$

$$\rho_{\mathrm{g}} \left(A v_{\mathrm{g}i} + L_{\mathrm{D}} q_{\mathrm{ig}} \right) = \rho_{\mathrm{g}} A v_{\mathrm{g}i-1} \tag{3-1-45}$$

式中　A_{o}——泡状流所占过流断面的面积，m^2；

　　　L_{D}——微元段完整段塞单元的长度，m。

忽略段塞单元在该微元段流入和流出所占过流断面面积的差别（即 $A_i = A_{\mathrm{o}} = A$）。式（3-1-43）等号右边第四项可变为：

$$\rho_{\mathrm{gw}} A_i v_{\mathrm{gw}i}^2 - \rho_{\mathrm{gw}} A_{\mathrm{o}} v_{\mathrm{gw}i-1}^2 = \rho_{\mathrm{gw}} A \left(v_{\mathrm{gw}i} + v_{\mathrm{gw}i-1} \right) \left(v_{\mathrm{gw}i} - v_{\mathrm{gw}i-1} \right) \tag{3-1-46}$$

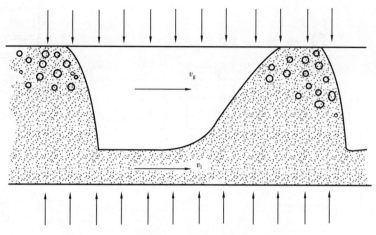

图 3-1-9 水平段微元多相间歇流流型示意图

整理后可得：

$$\frac{\mathrm{d}p}{\mathrm{d}L} = -\frac{\tau_B \pi D L_B + \tau_A Z_A L_A + \tau_g Z_g L_A}{L_D A} - \frac{2}{A} \rho_{gw} v_{gw} q_{igw}$$ （3-1-47）

式中 τ_B——水相段塞与井壁间的剪切应力，Pa；

L_B——水相段塞区的长度，m；

τ_A——水膜与井壁间的剪切应力，Pa；

L_A——水膜的长度，与长气泡长度相等，m；

τ_g——长气泡与井壁间的剪切应力，Pa；

Z_g——长气泡过流断面上边界的长度，m。

第二节 柱塞气举实验模拟

分别在不同的气量、液量条件下开展柱塞气举模拟可视化实验，目的是通过观察实验现象和测量实验数据，对比不同条件下柱塞气举的举液效率，深入研究不同条件下柱塞在井筒中的运行规律以及举升效果，分析注气量、采液量对举液效率的影响，测试不同柱塞的带液能力，以评价柱塞的密封性能。

一、实验装置

如图 3-2-1 所示，实验装置主要由供气系统、供液系统、测控系统和柱塞举升系统组成。实验所用油管为透明有机玻璃管，流体为空气和水，空气由空气压缩机加压后储存于储气罐中，再由储气罐经气体流量计计量后到达气液混合器；水由立式离心泵加压输送至液体流量计计量后在气液混合器中与气体混合，然后从垂直套管顶部进入井筒，最后进入油管；流量计的测量数据最终传输至无纸记录仪中显示并保存，保存的数据可通过 U 盘拷贝至计算机中进行处理。

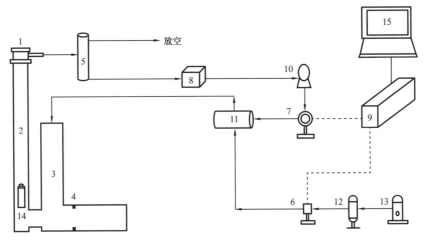

图 3-2-1　柱塞举升模拟实验流程图

1—井口；2—油管；3—套管；4—扶正器；5—气液分离器；6—气体流量计；7—液体流量计；8—水箱；9—无纸记录仪；
10—水泵；11—气液混合器；12—储气罐；13—空气压缩机；14—柱塞；15—计算机

1. 供气系统

供气系统包括空气压缩机和储气罐两部分，如图 3-2-2 和图 3-2-3 所示。供气系统提供低压气源，再向柱塞举升系统供气。空气压缩机容积流量 $10m^3/min$，最大供气压力 4MPa；为了确保供气平稳，需配套储气罐，储气罐容积 $2m^3$，实验过程中由两个储气罐串联储气。

图 3-2-2　空气压缩机

图 3-2-3　储气罐

2. 供液系统

如图 3-2-4 和图 3-2-5 所示，供液系统由储水罐与抽水泵组成，储水罐为不锈钢材质，尺寸 70cm×130cm；抽水泵额定扬程 15m，最大扬程 40m。

图 3-2-4 储水罐

图 3-2-5 抽水泵

3. 测控系统

实验测控系统包括气体流量计和液体流量计，如图 3-2-6 和图 3-2-7 所示。气体流量计为涡轮智能流量计，量程范围 5～40m³/h，精度等级 0.5，耐压 1.6MPa。液体流量计为智能电磁流量计，额定压力 2.5MPa，精度等级 0.5。

图 3-2-6 气体流量计

图 3-2-7 液体流量计

二、实验步骤

实验环境的温度为 25℃，压力为标准大气压。在进液量不变的条件下，分别调整进气量和单次举升液量，从而模拟不同条件下的柱塞举升排水采气情况。在开井后，需要观察柱塞对液体的举升情况、液体通过柱塞的漏失情况以及柱塞下部液体对柱塞运行的影响。详细实验步骤如下：

（1）启动空气压缩机，使其工作一段时间后将储气罐中充满气体；

（2）检查所有管线是否连通、测控系统是否正常；

（3）关闭井口，打开进气阀，并将气量调整到较小值，待气量稳定一段时间后，从井口至井底逐步检查实验装置的密封效果，若存在气体漏失情况，立即关闭进气阀并打开井口，对漏失位置采取密封措施，若整个实验装置密封好好，则进行下一步；

（4）打开进液阀，并将液量调整至某一设定值，同时打开进气阀，将气量也调整至某一设定值，待柱塞上部液柱高度达到设定值时，关井一段时间，在开井后观察柱塞举升液体的具体情况，计量井口的出液量；

（5）在进气量和进液量不变的条件下，改变单次举升液量的大小，重复步骤（4）；

（6）改变进气量的大小，重复步骤（4）和步骤（5）；

（7）更换柱塞，重复步骤（1）至步骤（6）。

三、实验结果

对实验出口液量、开井油套压进行监测记录，根据视频结果进行帧数分析，得出柱塞运行速度，同时可以计算出柱塞上行排液效率，柱塞上行排液效率等于单次排出液量与单次举升液量的比值，结果见表3-2-1。

表3-2-1　实验结果

柱塞类型	气量/（m³/h）	单次举升液量/mL	关井时间/s	排出液量/mL	套压/kPa	最大套压/kPa	油压/kPa	最大油压/kPa	柱塞速度/（m/s）	举液效率/%
刷式柱塞	4	750	20	330	17.99	53.97	16.55	49.65	4.56	44.00
		1500		640	20.73	62.19	17.79	53.37	5.50	42.67
		2250		860	21.69	65.07	17.39	52.17	4.93	38.22
	5	750	20	450	25.32	75.96	23.21	69.63	5.76	60.00
		1500		930	25.21	75.63	21.07	63.21	4.74	62.00
		2250		1200	24.85	74.55	21.29	63.87	5.90	53.33
	6	750	20	480	27.69	83.07	25.86	77.58	5.67	64.00
		1500		1000	29.58	88.74	25.85	77.55	4.11	66.67
		2250		1230	31.68	95.04	26.80	80.40	5.54	54.67
衬垫式柱塞	4	750	20	240	23.37	70.11	21.03	63.09	3.83	32.00
		1500		450	24.96	74.88	21.15	63.45	4.90	30.00
		2250		640	25.47	76.41	20.49	61.47	5.71	28.44

柱塞类型	气量 /（m³/h）	单次举升液量 /mL	关井时间 /s	排出液量 /mL	套压 /kPa	最大套压 /kPa	油压 /kPa	最大油压 /kPa	柱塞速度 /（m/s）	举液效率 /%
衬垫式柱塞	5	750	20	390	28.18	84.54	26.06	78.18	4.24	52.00
		1500		800	30.96	92.88	26.82	80.46	5.37	53.33
		2250		990	32.26	96.78	26.50	79.50	9.86	44.00
	6	750	20	510	32.68	98.04	29.91	89.73	4.09	68.00
		1500		1060	35.33	105.99	29.75	89.25	4.14	70.67
		2250		1380	36.13	108.39	31.29	93.87	6.10	61.33
柱状柱塞	4	750	20	280	23.38	70.14	22.89	68.67	3.93	37.33
		1500		530	26.17	78.51	23.63	70.89	3.96	35.33
		2250		690	30.92	92.76	25.49	76.47	3.67	30.67
	5	750	20	400	31.51	94.53	29.86	89.58	4.00	53.33
		1500		840	27.53	82.59	24.59	73.77	2.85	56.00
		2250		1060	28.94	86.82	24.27	72.81	3.65	47.11
	6	750	20	460	34.25	102.75	32.63	97.89	5.58	61.33
		1500		940	29.96	89.88	27.15	81.45	1.21	62.67
		2250		1160	33.90	101.70	36.38	109.14	2.98	51.56

四、分析与认识

1. 刷式柱塞

由图 3-2-8 可知，当进气量较小时，随液量增加，效率降低，进气量较大时则先增后减，单次举升液量越多、进气量越小，柱塞到达井口越困难，所以会造成排液效率降低，较大进气量下先增后减则主要是因为进气量增大对举升效率的提升比液量增多降低的效率更多；由图 3-2-9 可知，随着进气量的增加，柱塞排液效率增大，当进气量大于 5m³/h 时，趋势减缓，其原因可能是进气量过大发生了气窜，降低了柱塞排液效率。

2. 衬垫式柱塞

由图 3-2-10 可知，当进气量较小时，随液量增加，效率降低，进气量较大时则先增后减，与刷式柱塞变化趋势相似；由图 3-2-11 可以看出，随着进气量的增加，柱塞排液效率增大，因为衬垫式柱塞与油管之间的间隙更小，密封性好，因此当进气量较大时，增长趋势相较于刷式柱塞更大。

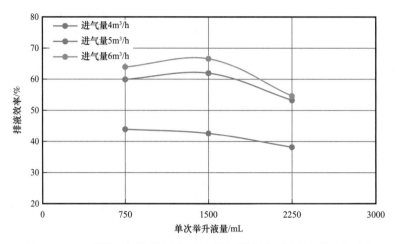

图 3-2-8　不同进气量下单次举升液量与排液效率关系（刷式柱塞）

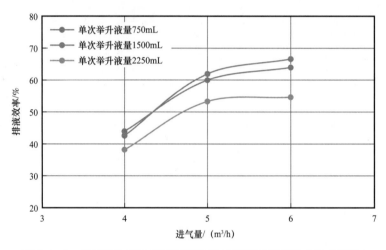

图 3-2-9　不同单次举升液量下进气量与排液效率关系（刷式柱塞）

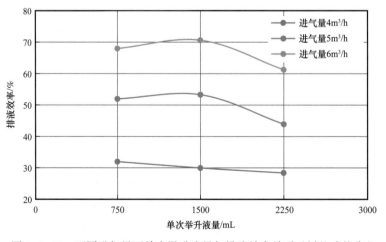

图 3-2-10　不同进气量下单次举升液量与排液效率关系（衬垫式柱塞）

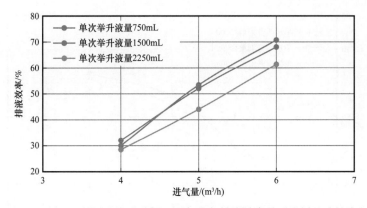

图 3-2-11 不同单次举升液量下进气量与排液效率关系（衬垫式柱塞）

3. 柱状柱塞

如图 3-2-12 所示，当进气量较小时，随液量增加，排液效率降低，进气量较大时排液效率则先增后减；如图 3-2-13 所示，随着进气量的增加，柱塞排液效率增大，当进气量大于 5m³/h 时，趋势减缓，与刷式柱塞变化趋势类似，因为柱状柱塞与油管之间的间隙最大，所以其密封性较刷式柱塞与衬垫式柱塞要差，排液效率的最大值比刷式柱塞和衬垫式柱塞小。

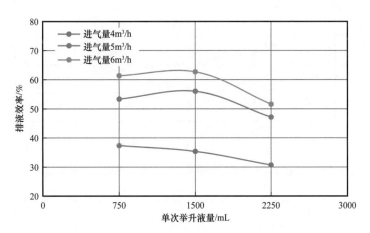

图 3-2-12 不同进气量下单次举升液量与排液效率关系（柱状柱塞）

4. 不同类型柱塞排液效率对比

相同进气量条件下，进气量较小时，随着单次举升液量增加，三种柱塞举液效率均降低，当进气量大于 5m³/h 时，则先增后减；相同单次举液量下，进气量较小时刷式柱塞效率更高，进气量较大时，衬垫式柱塞效率较刷式柱塞和柱状柱塞要高。

这主要是由于衬垫式柱塞与油管壁间几乎无间隙，因此运行过程中的摩擦力更大，管柱内积蓄的气体膨胀能在运行过程中由摩擦消耗的比例更大，因此气量较小时衬垫式柱塞举液效率更低。而随着进气量增大，摩擦消耗占比减小，对举升的影响作用减小，则衬垫式柱塞密封性更好的优势得以体现，因此排液效率更大。

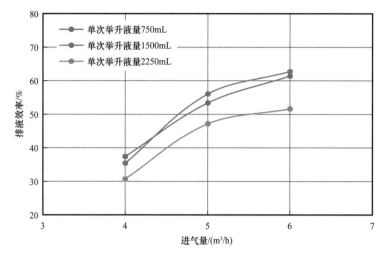

图 3-2-13　不同单次举升液量下进气量与排液效率关系（柱状柱塞）

图 3-2-14 至图 3-2-16 为不同进气量下单次举升液量与不同柱塞排液效率关系图。

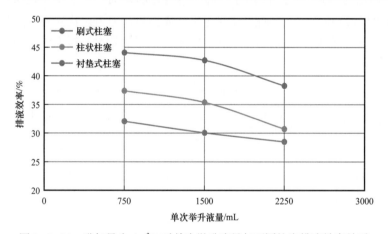

图 3-2-14　进气量为 4m³/h 时单次举升液量与不同柱塞排液效率关系

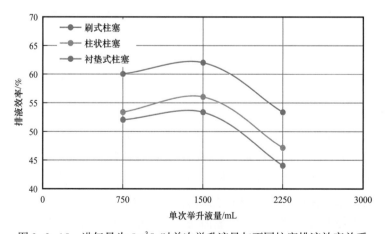

图 3-2-15　进气量为 5m³/h 时单次举升液量与不同柱塞排液效率关系

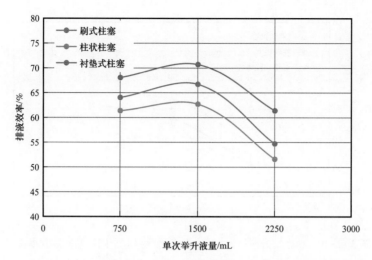

图 3-2-16 进气量为 6m³/h 时单次举升液量与不同柱塞排液效率关系

图 3-2-17 至图 3-2-19 为不同单次举升液量下进气量与不同柱塞排液效率关系图。

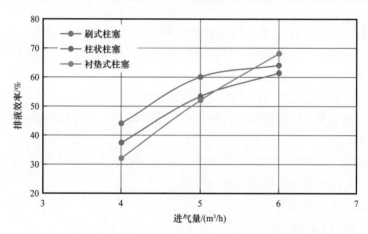

图 3-2-17 单次举升液量为 750mL 时进气量与不同柱塞排液效率关系

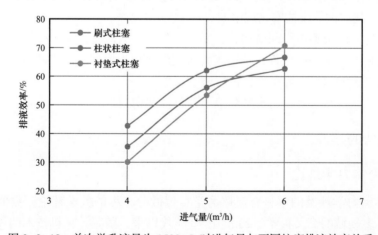

图 3-2-18 单次举升液量为 1500mL 时进气量与不同柱塞排液效率关系

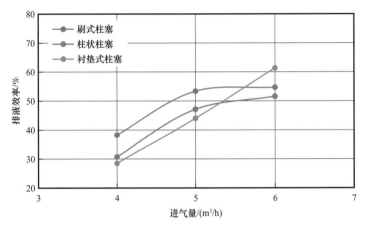

图 3-2-19　单次举升液量为 1500mL 时进气量与不同柱塞排液效率关系

第三节　柱塞气举数值模拟

本节将结合 Fluent 软件，充分考虑井筒结构、气水关系的复杂性，通过柱塞受力分析，结合柱塞运动方程，以 profile 文件控制柱塞的实际运动，建立三维流场模型对柱塞的举液过程进行模拟，分析柱塞的密封性和排液效率。

柱塞的密封性可通过以下方法评价、判断或比较：

（1）模拟柱塞举升，可以监测井口的出口气量和液量，通过排液量的大小判断柱塞的密封性优劣。

（2）通过模拟柱塞上方的液体漏失过程，在柱塞底部监测液量到达时间，计算液体流过柱塞的平均流速大小来评价柱塞的密封性能。

（3）监测柱塞阻力系数大小。

模拟主要包括以下步骤：

（1）根据实际油管尺寸，利用 CAD 建模软件（Designmodeler、Spaceclaim、Solidworks 等）建立油管及柱塞物理模型。

（2）对所建立的模型进行网格划分，要求划分后的网格质量至少高于 0.4。

（3）将网格导入 Fluent 软件，选择求解所用的多相流模型、湍流模型和流体材料，并设置入口、出口、壁面等边界条件，设置监测参数。

（4）初始化后进行求解，得出监测值，评价柱塞密封性。

一、模型的建立

1. 计算流体力学理论

计算流体动力学涉及的学科有流体力学、偏微分方程的数学理论、数值方法和计算机科学等，是多领域的交叉科学。20 世纪 70 年代以来，随着计算机技术的飞速发展和高速巨型计算机的出现，以及近似计算方法（如有限差分法、有限元法、有限体积法等）的发展，基于数值计算的计算流体动力学方法正在改变着传统的工业过程设计方法。与实验方法相比，数值计算方法比理论方法更能适应复杂工程问题的需要，能大大节省费用和时间。一些原来难以解决的问题，采用数值计算方法可能得以解决。数值计算方法通过建立各种条件下的基本守恒方程（包括质量守恒、动量守恒及能量守恒等），结合初始条件和边界条件，加上数值计算理论和方法，从而实现预测或展现真实过程的各种场，如流场、温度场、浓度场等的分布，以达到对过程设计与优化、放大及控制的详细描述[113]。它的兴起促进了实验研究和理论分析方法的发展，并将实验研究和理论分析方法相结合，为简化流动模型的建立提供了更多的依据。计算流体动力学 CFD（Computational Fluid Dynamics）是建立在经典流体动力学与数值计算方法基础之上的一门新兴独立学科。通过采用数值计算方法直接求解描述流体运动基本规律的非线性数值方程组，经过计算机数值计算和图像显示，在时间和空间上定量描述流场的数值解，从而达到对物理问题研究的目的。计算流体动力学的基本思想可以归结为：把原来在时间域及空间域上连续分布的物理量的场，用一系列有限个离散点上的变量值的集合来代替，通过一定的原则和方式建立起关于这些离散点上场变量之间关系的代数方程组，然后求解代数方程组获得场变量的近似值。计算流体动力学可以看作是在流动基本方程（质量守恒方程、动量守恒方程、能量守恒方程）控制下对流动的数值模拟。通过这种数值模拟，可以得到流场内各个位置上的基本物理量（如速度、压力、温度、浓度等）的分布，以及这些物理量随时间的变化情况等[114]。

　　计算流体动力学具有适应性强、应用面广等优势。首先，流动问题的控制方程一般是非线性的，自变量多，计算域的几何形状和边界条件复杂，很难求得解析解，而计算流体动力学则有可能找出满足工程需要的数值解；其次，可以利用计算机进行各种数值试验；再者，它不受物理模型和实验模型的限制，省钱省时，有较多的灵活性，能给出详细完整的资料，容易模拟特殊尺寸及其他真实条件和实验中只能接近而无法达到的理想条件[115]。

　　计算流体动力学的局限性：首先，数值解法是一种离散近似的计算方法，其强烈依赖于物理上合理、数学上适用、适合于在计算机上进行计算的离散的有限数学模型，而且最终结果不能提供任何形式的解析表达式，只是有限个离散点上的数值解，并有一定的计算误差；其次，它往往需要由原体观测及资料的收集、整理与正确利用，在很大程度上依赖于经验与技巧，不能如物理模型实验一般，从开始就能给出流动现象并定性地进行描述[116]。此外，因数值方法的原因有可能导致计算结果的不真实等[117]。

　　运用 CFD 来对现有模型进行数值模拟的主要思路就是确立好 CFD 中的三大模块（前处理、求解器、后处理），如图 3-3-1 所示。

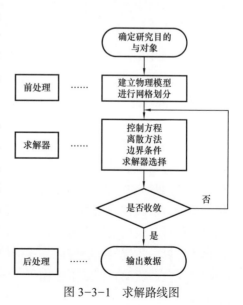

图 3-3-1　求解路线图

前处理部分主要先运用 Designmodeler、Solidworks 等 CAD 软件进行物理建模，然后运用 ICEM、Fluent meshing 等网格划分软件对物理模型以及流体域进行网格划分，求解器部分主要运用 Fluent2021R1 进行求解器的设置以便于求解，后处理部分主要运用 CFD–POST、TECPLOT 等后处理软件进行计算结果的数据和图像处理[118-119]。

1）Fluent 软件简介

Fluent 软件是目前处于世界领先地位的计算流体动力学软件之一，广泛用于模拟各种流体流动、传热、燃烧和污染物运动等问题[120]。它是一个用于模拟和分析在复杂几何区域内的流体流动与热交换问题的专用计算流体动力学软件。Fluent 的软件设计基于"计算流体动力学计算机软件群的概念"，对每一种物理问题的流动特点，采用适合它的数值解法，选择显式或隐式差分格式，在计算速度、稳定性和精度等方面达到最佳。Fluent 软件使用 C 语言开发，支持 Unix 和 Windows 等多种平台，支持基于 MPI 的并行环境。通过交互的菜单界面与用户进行交互，用户可通过多窗口方式随时观察计算的进程和计算结果。计算结果可以用云图、等值线图、矢量图、XY 散点图等多种方式显示、存储和打印，甚至传给其他计算流体动力学或 FEM 软件。该软件还提供了用户编程接口，让用户定制或者控制相关的计算和输入输出。灵活的非结构化网格和基于求解精度的自适应网格及成熟的物理模型，使 Fluent 软件在层流、湍流、传热、化学反应、多相流等领域取得了显著成效。

Fluent 软件可以生成结构化及非结构化网格两种类型网格。在结构化网格中，采用有实体坐标的 GAMBIT 作为专用的前处理软件，同时也可以纳入 PATRAN、ANSYS、I-DEAS 及 ICEMCFD 等专门生成网格的软件，使网格可以有多种形状。速度与压力耦合采用同位网格上的 SIMPLEC 算法。对流项差分格式纳入了一阶迎风、中心差分以及 QUICK 等格式。代数方程求解可以采用多重网格及最小残差法。湍流模型有标准 k-ε 模型、RNG k-ε 模型及 Reynolds 应力模型等，在辐射换热计算方面纳入了射线跟踪法。在非结构化网格中，可以生成二维三角形或四边形网格、三维四面体 / 六面体 / 金字塔形网格来解决具有复杂外形的流动，也可以用混合型非结构网格。

2）多相流模型

计算流体力学的进展为深入研究多相流动提供了基础。目前有两种数值计算方法处理多相流，即欧拉—拉格朗日方法和欧拉—欧拉方法。

欧拉—拉格朗日方法：Fluent 软件中的拉格朗日离散相模型遵循欧拉—拉格朗日方法，认为流体相为连续相，直接求解纳维—斯托克斯方程，而离散相是通过计算流场中大量的粒子、气泡或液滴的运动得到的。离散相和流体相之间可以有动量、质量和能量的交换，通过跟踪大量分散相颗粒的运动来实现分散相和连续相之间流场的耦合，最终得到整个流场信息和分散颗粒的运动轨迹。采用该模型的一个基本假设是：作为离散的第二相的体积比率应很低，但质量比率可以很大。粒子或液滴运行轨迹的计算是独立的，它们被安排在流体相计算的指定的间隙完成。这样的处理能较好地符合喷雾干燥、煤和液体燃料燃烧及一些粒子负载流动，但是不适用于流—流混合物流化床和其他第二相体积比率不容忽略的情形。

欧拉—欧拉方法：在欧拉—欧拉方法中，不同的相被处理成互相贯穿的连续介质。由于一种相在空间上所占的体积无法再被其他相占有，因此引入相体积比率的概念。体积率是时间和空间的连续函数，在任一空间位置和任一时间，各相的体积比率之和等于 1。各相的质量、动量和能量方程组成欧拉—欧拉法求解的本构方程组，这些方程对于所有的相都具有类似的形式，从实验得到的数据可以建立一些特定的关系，从而能使上述方程封闭。另外，对于小颗粒流，则可以通过应用分子运动理论使方程封闭。在 Fluent 软件中共有三种欧拉—欧拉多相流模型，分别为流体体积模型（VOF）、混合物模型和欧拉模型。

3）湍流模型

湍流运动是一种无规律性的复杂运动，在现实中比较常见，选择相对合适的湍流模型较为重要。Fluent 软件中提供了常见的三种湍流流动的数值模拟方法，即直接模拟法（DNS）、雷诺平均法（RNS）以及大涡模拟（LES）。

直接模拟法（DNS）是指直接对湍流运动的三维瞬态纳维—斯托克斯（N-S）方程进行求解，进而得出湍流的瞬时流场数据信息，能够对流场中任意尺度的随机运动进行计算，计算量较大，对计算机的运行要求较高，对现有硬件的依赖性较强，所以目前大多数的湍流模型是应用与计算雷诺数较低的简单流动。

雷诺平均法（RNS）主要包括标准 k-ε 模型、RNG k-ε 模型、Realizable k-ε 模型以及标准 k-ω 模型等。

（1）标准的 k-ε 模型。

标准 k-ε 模型是一种由长时间以来所进行的实验与研究得出来的半经验型公式，能够适用于计算完全发展的湍流流动过程，经常用于存在压力差较大、两相分离性较强的曲率模拟计算域模型中，具有适用范围广、精度合理等优点，标准 k-ε 模型所运用的主要原理是基于湍流动能参数 k 与扩散率 ε 参数进行表达与展现的，k 方程与 ε 方程如下：

$$\rho\frac{\mathrm{d}k}{\mathrm{d}t} = \frac{\partial}{\partial x_i}\left[\left(\mu + \frac{\mu}{\sigma_k}\right)\frac{\partial k}{\partial x_i}\right] + G_k + G_b - \rho\varepsilon - Y_M \tag{3-3-1}$$

$$\rho\frac{\mathrm{d}\varepsilon}{\mathrm{d}t} = \frac{\partial}{\partial x_i}\left[\left(\mu + \frac{\mu_t}{\sigma_k}\right)\frac{\partial \varepsilon}{\partial x_i}\right] + \frac{1}{k}\left(\varepsilon C_{1\sigma}G_k + \varepsilon C_{1\sigma}G_b C_{30} - \rho\varepsilon^3 C_{2\sigma}\right) \tag{3-3-2}$$

式中　ρ——流体密度，kg/m³；

μ——流体流动速度，m/s；

x_i——流体沿 i 方向运行的距离，m；

μ_t——t 时刻流体流动速度，m/s；

G_k——由于平均速度梯度而产生的湍流动能；

G_b——由于浮力产生的湍流动能；

Y_M——可压缩湍流中膨胀产生的总耗散率；

$C_{1\sigma}$，$C_{2\sigma}$，C_{30}——常数。

（2）RNG k-ε 模型。

RNG k-ε 模型是标准 k-ε 模型的一种修正计算模型，标准 k-ε 模型在计算强度较大的旋流与弯曲度较高的计算域时存在一定的局限性，为了进一步提高计算结果的准确性与精度，在标准 k-ε 模型的基础上进行修正，运用"重整化群"的数学研究方法进行推导修正更针对一些高雷诺数的数值模拟，得到 RNG k-ε 模型的控制方程如下：

$$\frac{\partial(\rho k)}{\partial t}+\frac{\partial(\rho k \mu_i)}{\partial x_i}=\frac{\partial}{\partial x_j}\left[\left(\alpha_k \mu_{\text{eff}}\right)\frac{\partial k}{\partial x_j}\right]+G_k+G_b+S_k-\rho\varepsilon-Y_M \quad (3-3-3)$$

$$\frac{\partial(\rho\varepsilon)}{\partial t}+\frac{\partial(\rho\varepsilon\mu_i)}{\partial x_i}=\frac{\partial}{\partial x_j}\left[\left(\alpha_e \mu_{\text{eff}}\right)\frac{\partial\varepsilon}{\partial x_j}\right]+\frac{\varepsilon}{k}\left(C_{1\varepsilon}G_k+C_{1e}G_bC_{3e}+S_\varepsilon\right)-R_\varepsilon \quad (3-3-4)$$

$$R_\varepsilon=\frac{C_\mu\rho\eta^3\left(1-\eta/\eta_0\right)\varepsilon^2}{k+k\beta\eta^3} \quad (3-3-5)$$

$$\eta=S_k/\varepsilon \quad (3-3-6)$$

式中　μ_i——流体在 i 方向上的运动速度，m/s；

　　　x_j——流体沿 j 方向运行的距离，m；

　　　α_k——湍流动能的有效普朗特数；

　　　μ_{eff}——有效黏度，Pa·s；

　　　S_k，S_ε——用户自定义的源项；

　　　η——体积力；

　　　α_e——扩散率的有效普朗特数；

　　　$C_{1\varepsilon}$，C_{1e}，C_{3e}，C_μ，η_0，β——常数。

4）RSM 模型

RSM 模型在模拟流动时的表面曲率变化以及所研究流动流体的各向异性具有更好的精度，在 RSM 中具有更多的方程数来对模拟量的动量与湍流量进行高精度的耦合计算求解，但也因此对计算机的运行内存要求更高，计算机的计算量大幅度增加，计算时间较长，所以在对模型的模拟量进行计算时应该充分权衡各方面的影响因素。RSM 的控制方程如下：

$$\frac{\partial\left(\rho\overline{u_iu_j}\right)}{\partial t}+\frac{\partial\rho U\overline{u_iu_j}}{\partial x_k}=-\frac{\partial}{\partial x_k}\left[\rho\overline{u_iu_ku_j}+\overline{p\left(\delta_{kj}u_i+\delta_{kj}u_j\right)}\right]+$$

$$\frac{\partial}{\partial x_k}\left(\mu\frac{\partial\overline{u_iu_j}}{\partial x_k}\right)-\rho\left(\overline{u_iu_j}\frac{\partial U_j}{\partial x_k}+\overline{u_iu_j}\frac{\partial U_i}{\partial x_k}\right)-\rho\beta\left(g_i\overline{u_i\theta}\right)+ \quad (3-3-7)$$

$$p\left(\frac{\partial u_i}{\partial x_j}+\frac{\partial u_j}{\partial x_i}\right)-2\mu\frac{\partial u_i}{\partial x_k}\frac{\partial u_j}{\partial x_k}-2\rho\Omega\left(\overline{u_ju_m}\varepsilon_{km}+\overline{u_iu_k}\varepsilon_{jkm}\right)$$

$$\begin{cases} D_{ij} = \dfrac{\partial}{\partial x_k}\left[\rho\left(\overline{u_k u_i u_j}\right) + p\left(\overline{\delta_{kj}u_i + \delta_{ki}u_j}\right)\right] \\[3mm] \varepsilon_{ij} = -2\mu\dfrac{\overline{\partial u_i \partial u_j}}{\partial x_i \partial x_j} \\[3mm] G_{ij} = p\left(\dfrac{\partial u_i}{\partial x_j} + \dfrac{\partial u_j}{\partial x_i}\right) \\[3mm] P_{ij} = -\rho\left(\overline{u_k u_i}\,\dfrac{\overline{\partial u_i}}{\partial x_k}\right) \end{cases} \qquad (3-3-8)$$

式中 D_{ij}，ε_{ij}，G_{ij}，P_{ij}——应力扩散项、湍能耗散项、应力应变项和剪切产生项。

2. 数值分析模型的建立

采用 CFD 数值计算方法对井筒柱塞气举排液的全过程（正常生产到气井积液）开展数值模拟研究，建立相关计算的控制方程，包括连续性方程、N–S 方程以及湍流模型。

1）连续性方程

单位时间内流体微元体中质量的增加，等于同一时间间隔内流入该微元体的净质量。依照这一表述，流体流动的质量守恒方程，即连续性方程为：

$$\frac{\partial \rho}{\partial t} = \mathrm{div}(\rho \boldsymbol{u}) = 0 \qquad (3-3-9)$$

式中 $\boldsymbol{u}$——速度矢量；

div——散度。

2）动量方程

任何流动系统都必须满足动量守恒定律，本质上是满足牛顿第二定律，其描述为：微元体中流体的动量随时间的变化率等于外界施加在该微元体上的各种力之和。笛卡儿坐标系下的动量守恒方程表述为：

$$\frac{\partial(\rho\boldsymbol{u})}{\partial t} + \mathrm{div}(\rho\boldsymbol{uu}) = \mathrm{div}(\boldsymbol{u}\mathrm{grad}\boldsymbol{u}) - \frac{\partial p}{\partial x_i} + S_i \qquad (3-3-10)$$

式中 x_i——x，y，z 三维坐标；

S_i——S_u，S_v，S_w，是动量方程在上述三个方向的广义源项。

依照上述假设条件，系统不存在热交换，无须满足能量守恒定律。同时，在仅考虑不可压缩流动状态下，在忽略重力作用的影响下，湍流瞬时控制方程可以简化为如下形式：

$$\mathrm{div}(\boldsymbol{u}) = 0 \qquad (3-3-11)$$

$$\frac{\partial \boldsymbol{u}}{\partial t} + \mathrm{div}(\boldsymbol{uu}) = -\frac{1}{\rho}\frac{\partial p}{\partial x_i} + v\,\mathrm{div}(\mathrm{grad}\boldsymbol{u}) \qquad (3-3-12)$$

3. 物理模型

油管内径为 43.4mm，以柱状柱塞、刷式柱塞和衬垫式柱塞为例，建立柱塞与油管物理模型，不同类型的柱塞尺寸见表 3-3-1。

表 3-3-1　不同类型柱塞尺寸　　　　　　　　　　　　单位：mm

柱塞类型	柱塞长度	柱塞最大外径	柱塞与油管壁面间隙宽度
柱状柱塞	310.0	39.7	3.7
刷式柱塞	270.0	41.4	2.0
衬垫式柱塞	210.0	42.0	1.4

1）柱状柱塞

根据实际油管与柱塞尺寸，利用 Designmodeler（或 Spaceclaim、Solidworks 等）建模软件建立油管以及柱状柱塞物理模型，结果如图 3-3-2 和图 3-3-3 所示。

图 3-3-2　柱状柱塞物理模型

图 3-3-3　带柱状柱塞油管物理模型

由于研究的是柱塞的运动情况以及柱塞与油管壁面的流体流动规律，在模拟过程中，柱塞内部不参与流动过程中的相关计算，所以通过布尔运算将其去除，得到如图 3-3-4 所示的三维流场模型。

图 3-3-4　柱状柱塞三维流场模型剖面图

2）衬垫式柱塞

根据实际油管与柱塞尺寸，利用 Designmodeler 建模软件建立油管以及衬垫式柱塞物理模型，结果如图 3-3-5 和图 3-3-6 所示。

图 3-3-5　衬垫式柱塞物理模型

图 3-3-6　带衬垫式柱塞油管物理模型

与柱状柱塞一样，通过布尔运算消除不参与计算的部分，得到如图 3-3-7 所示的三维流场模型剖面图。

图 3-3-7　衬垫式柱塞三维流场模型剖面图

3）刷式柱塞

由于毛刷部分结构过于复杂，模型的建立较为困难，完全按照实物进行建模不利于计算，故将刷式柱塞的毛刷部分考虑成多孔介质，通过设置多孔介质区域的黏性阻力系数、惯性阻力系数、孔隙率等参数来实现对刷式柱塞毛刷部分的模拟，以达到简化模型与计算的目的。刷式柱塞的刷子区域如图 3-3-8 中的黄色区域所示，带柱塞油管物理模型如图 3-3-9 所示。

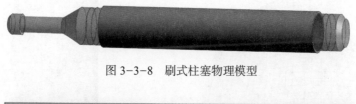

图 3-3-8　刷式柱塞物理模型

图 3-3-9　带刷式柱塞油管物理模型

通过布尔运算得到流场模型，剖面如图 3-3-10 所示。

图 3-3-10　刷式柱塞三维流场模型剖面图

4. 网格划分

对整体模型进行切分，如图 3-3-11 所示，将柱塞与油管壁面之间的流体域与其他流体域区分，如图 3-3-12 和图 3-3-13 所示。

图 3-3-11　整体结构剖分

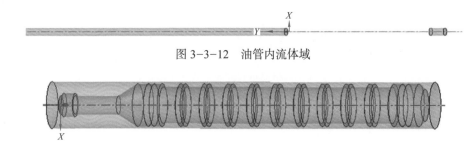

图 3-3-12　油管内流体域

图 3-3-13　柱塞与油管壁面流体域

模拟所用的网格采用 ICEM、Fluent meshing 作为前处理软件，由于柱塞周围流体流动情况较为复杂，而非结构化网格能够方便地生成复杂外形的网格，故采用非结构化网格对柱塞与油管壁面之间形成的流体区域进行离散化处理，其他流体区域采用结构化网格进行划分，如图 3-3-14 至图 3-3-16 所示。

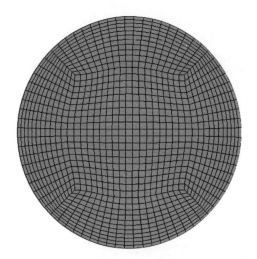

图 3-3-14　无柱塞区域网格划分

图 3-3-15　截面网格　　　　　　　　　图 3-3-16　壁面网格

一般网格质量在 0.3 以上可以为大多数求解器接受，本次划分的结构化网格质量均在0.7 以上，如图 3-3-17 所示。

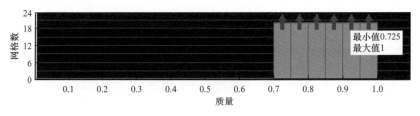

图 3-3-17　网格质量统计

利用 Fluent meshing 软件对柱塞与油管壁面形成的流体区域进行网格划分，划分结果如图 3-3-18 至图 3-3-20 所示。

图 3-3-18　柱状柱塞　　　　图 3-3-19　衬垫式柱塞　　　　图 3-3-20　刷式柱塞

两部分网格划分完成后，利用 Fluent 软件中的 append 功能使两者结合，最终形成的网格如图 3-3-21 所示。

图 3-3-21　最终网格

二、数值模拟

1. 边界条件设定

柱塞运动的动网格类型为层铺（layering），由于画网格之前的切分过程中，柱塞和油管壁面是一同切分出来的，但其壁面本身是不随柱塞运动的，因此需将柱塞对应的油管壁面的绝对速度设置为 0m/s；出口为压力出口，入口采用质量流量入口（也可用速度入口、压力入口等其他边界条件进行设置）。动网格设置柱塞壁面（wall-zhusai）、柱塞对应的油管壁面（wall-static）、4个内表面（interface）、柱塞与油管壁面之间的流体域（fluid-zhusai）7个运动部分。

对柱状柱塞、衬垫式柱塞和刷式柱塞采用同一边界条件及模拟参数进行模拟，定义同一初始积液高度，通过监测一个上行过程出口液量来判断三种柱塞的举液效果。模拟参数见表3-3-2。

表3-3-2　模拟参数

流体类型	出口边界类型	入口边界类型	密度/（kg/m³）	黏度/（Pa·s）
空气	压力出口	压力入口	1.225	1.789×10^{-5}
水			998.2	0.1×10^{-3}

2. 模拟结果分析

1）柱状柱塞

如图3-3-22和图3-3-23所示，由速度矢量图和速度云图可知，井壁和柱塞槽内壁面流速较快，柱塞凹槽内部存在一个低速区；流体流过柱塞凹槽时，形成的涡流对整体流动形成干扰，使得流体在柱塞与油管壁面之间的流动变得更加困难，从而增加密封效果。

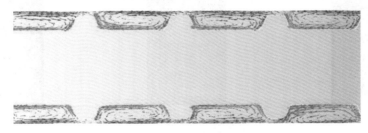

图3-3-22　柱状柱塞速度矢量图

图3-3-23　柱状柱塞速度云图

如图3-3-24所示，对出口液量曲线进行积分可以得出柱状柱塞在一个上行过程中带出的液量，由此可计算此次液体漏失量为$7.39 \times 10^{-4} m^3$，平均每米漏失$2.46 \times 10^{-4} m^3$，每秒漏失量为$8.40 \times 10^{-4} m^3$。

2）衬垫式柱塞

如图3-3-25和图3-3-26所示，由速度矢量图和速度云图可知，衬垫式柱塞的紊流效应主要发生在垫片之间的槽内，由于垫片与井壁紧密接触，槽内涡流的密封效果更为显著。

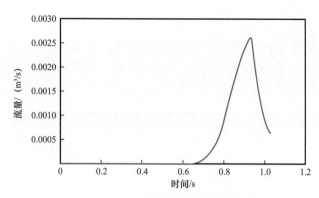

图 3-3-24　柱状柱塞出口液量曲线

图 3-3-25　衬垫式柱塞速度矢量图

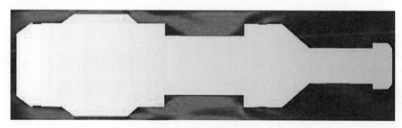

图 3-3-26　衬垫式柱塞速度云图

如图 3-3-27 所示，对出口液量曲线进行积分可以得出衬垫式柱塞在一个上行过程中带出的液量，由此可计算此次液体漏失量为 $5.62 \times 10^{-4} m^3$，平均每米漏失 $1.87 \times 10^{-4} m^3$，每秒漏失量为 $5.46 \times 10^{-4} m^3$。

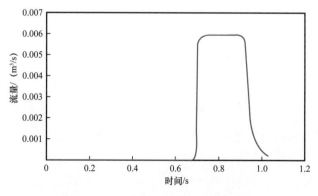

图 3-3-27　衬垫式柱塞出口液量曲线

3）刷式柱塞

如图 3-3-28 和图 3-3-29 所示，由速度矢量图和速度云图分析可得，刷式柱塞举液的刷子区域与壁面之间的流体流速较小，因而其密封性较好，柱塞上部液体漏失速度较慢，漏失量较柱状柱塞要小。

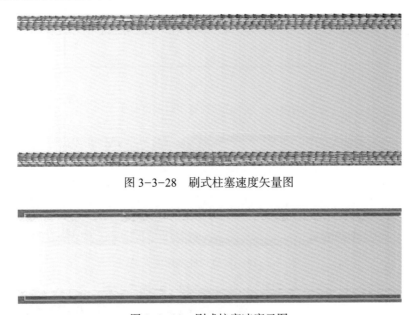

图 3-3-28　刷式柱塞速度矢量图

图 3-3-29　刷式柱塞速度云图

如图 3-3-30 所示，对出口液量曲线进行积分可以得出刷式柱塞在一个上行过程中带出的液量，由此可计算此次液体漏失量为 $6.84 \times 10^{-4} m^3$，平均每米漏失 $2.28 \times 10^{-4} m^3$，每秒漏失量为 $6.65 \times 10^{-4} m^3$。

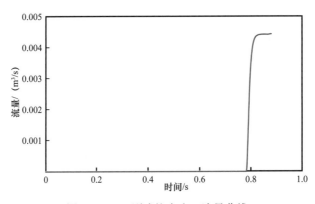

图 3-3-30　刷式柱塞出口液量曲线

因此，从排液情况和漏失量大小来看，衬垫式柱塞的密封性最好，刷式柱塞次之，柱状柱塞较差。

第四章　柱塞气举排水采气工艺设计

柱塞气举排水采气工艺设计包括资料准备、气井选井、装置选择、井口流程设计和运行设计等内容，在柱塞气举工艺实施前，柱塞气举的优化设计对气井采用柱塞气举技术的成功应用具有重要指导作用。

第一节　基础资料的准备

全面翔实的气井资料及生产数据能够帮助对气井全面准确认识，指导柱塞气举技术应用，资料数据包括基础数据、井身结构、井下工具、采气井口、生产资料和流体性质等。

一、基础数据

基础数据包括气井地理位置、投产日期、完井方式、原始地层压力、当前地层压力、井底温度、井口温度、人工井底、最大井斜、历次井下作业等情况。

气井地理位置用于确定气井基础信息；气井投产日期、完井方式、原始地层压力、当前地层压力、井底温度、井口温度、人工井底深度等信息用于分析气井储层能量状况，指导柱塞气举能量供给确定和柱塞气举运行优化制度制定；历次井下作业用于确认井下工具变化及井筒生产管柱性能，防止安装工具及落物影响坐落器安装及柱塞运行。

二、井身结构

井身结构包括井身结构图、套管层序、油管尺寸、油管挂尺寸、油管鞋深度和井斜等数据。

套管层序不同决定柱塞气举有无油套环空能量补充，对柱塞气举举升能量、选井气液比、密封柱塞类型选取进行指导。

油管尺寸、油管挂尺寸、油管鞋深度和井斜数据，用于指导柱塞尺寸、坐落器坐放井斜。

三、井下工具

井下工具包括工具名称、型号、规格、下入深度，封隔器安装深度和油套管连通情况。

井下工具内径与油管相比有缩径（内径变小），会影响井下坐落器和柱塞通过性，一般情况下坐落器投放于最上级变径工具之上，当变径工具安装深度较浅时，将会限制柱塞气举技术应用；封隔器安装深度和油套管连通情况，决定柱塞气举技术运行时，油套环空是否给举升过程提供能量。当封隔器解封时（充分解封），柱塞气举运行环空能够补充举升能量；当封隔器未解封或解封不充分时，视为无（弱）环空能量补充。指导柱塞气举选井时考虑气液比。

四、井口设施

井口设施包括采气（油）树型号（承压等级和通径）、井口阀门类型、阀门法兰及钢圈规格、井口连接管线的尺寸。

以上数据用于指导柱塞气举防喷管规格尺寸、柱塞防喷管与采气树连接方式和柱塞气举生产流程恢复管线设计。

五、生产数据

生产数据包括油压、套压、井口节流后压力、日产气量、日产液量、采油（气）曲线、油套管液面情况、井底压力、出砂情况、结蜡（垢）情况等。

气井生产油压、套压、井口节流后压力、日产气量、日产液量、采油（气）曲线、油套管液面情况、井底压力等资料用于判断气井对柱塞气举工艺适应性，指导柱塞类型选择和前期柱塞气举井管理。

气井出砂、结蜡（垢）情况用于指导特殊工况条件下柱塞气举技术适用性，在适用条件下，后期应用时需考虑有关工艺对策设计。

六、流体性质

流体性质至少应包含气体中 H_2S 和 CO_2 含量、产水矿化度、凝析油含量（气井）、液体黏度等。气体中 H_2S 和 CO_2 含量、产水矿化度等参数决定气井腐蚀情况，用于指导柱塞气举装置材质选择，针对特殊腐蚀环境，应选择满足腐蚀情况的材料装置及工具。气井凝析油含量会增加柱塞气举举液量，设计柱塞气举需求气液比时需要进行考虑。液体黏度用于对柱塞气举设计中有关压力分析计算。

通过分析，柱塞气举技术应用设计需要的资料准备情况见表 4-1-1。

表 4-1-1 油气井资料数据

井号：			
地理位置		井口节流后压力 /MPa	
投产日期		井口关井油压 /MPa	
完井方式		井口关井套压 /MPa	
原始地层压力 /MPa		产气量 /（$10^4m^3/d$）	
当前地层压力 /MPa		产液量 /（m^3/d）	
井口温度 /℃		气体相对密度	
井底温度 /℃		液体密度 /（kg/m^3）	
最大井斜 /（°）		静液面深度 /m	

人工井底 /m		井底流压 /MPa	
生产情况简述			
井身结构数据（套管层序，油管规格、油管类型、油管深度）			
井下工具数据（工具名称、工具型号、工具规格、下入深度）			
历次井下作业情况描述（遇卡、腐蚀、结垢等）			
油气水流体性质及出砂情况（H_2S 含量、CO_2 含量、产出水矿化度、凝析油含量、液体黏度、出砂情况）			

第二节　柱塞气举技术选井

一口井在应用柱塞气举技术前，应当分析气井对柱塞工艺的适应性，气井气液比太小、产液量过大等原因超过柱塞气举技术应用极限时，安装柱塞气举技术后将无法应用，增加气井生产成本，无法保证气井稳定生产；另外，由于气井生产管柱、流体性质等差异，应用的柱塞装置、工具不合适时，会降低柱塞举液效率甚至引起柱塞气举技术失效，气井停产、柱塞举升设备调试维护、产能最优化调试都会增加技术应用成本。因此，气井在应用柱塞气举技术前，需要根据经验及有关理论进行分析，针对不同井况确定柱塞气举的适用性，其方法有气液比经验判识法和图片法两种；此外，还需要进行最大产液量、气井压力、井深、管柱结构等方面分析。

一、柱塞气举井的基本条件

1. 气液比经验分析法

结合柱塞气举技术实际应用状况，总结形成了柱塞气举技术适用的气液比经验判断规律。

判识依据为：对于油套连通气井，要求单位井深气液比不小于200m³/（m³·1000m），表示1000m井深，每举升1m³气井积液所需要的气井产气量不低于200m³；对于油套不连通气井，生产气液比宜不小于1100m³/（m³·1000m）[121-122]。

柱塞气举气液比经验判识方法简单实用，在柱塞气举技术应用中是一个重要参考数据，但当井的生产状况接近于这一经验规律预测的状况时，它也可能不准确，需要结合图版法等其他方法来分析判识。

该方法计算中力求简化，仅考虑了气井气液比和井深等影响因素，忽略了几个决定柱塞气举是否可用的重要因素，如未考虑地层压力和相应的套压变化、未考虑井的管柱尺寸等，这对确定柱塞气举的可行性十分关键。

2. 图版法

为了弥补气液比经验规律法判识柱塞气举技术适用性不足的问题，Beeson等通过技术研究，总结出了一套判识图版，综合考虑了柱塞气举技术的气液比、压力、井深和油管尺寸等重要参数，能够准确确定柱塞气举适用性。

图4-2-1和图4-2-2为2⅞in、2⅜in油管下柱塞气举可行性分析图版。

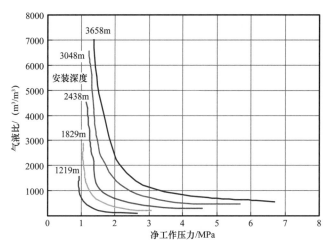

图4-2-1　2⅞in油管柱塞气举判识图版

图4-2-1和图4-2-2中，水平X轴表示净工作压力，净工作压力表示柱塞开井运行前建立的套管恢复压力与分离器或管线阀门打开后的管线压力之差，单位为MPa。

套管恢复压力表示在关井时间内能量恢复后在套管内建立的压力，套压恢复时间决定着每个柱塞气举周期的时间，当气井积液较多、需要恢复能量时间较长时，关井时间或柱塞气举周期运行时间会达到几天或更长。

净工作压力计算时，采用管线压力比较直观，但当气井地面集输或站内无节流等一些特殊情况时，经常采用气井关井前的油压作为管线压力。如果气井有分离器且分离器离井口较远，连接气井与分离器管线的内径较小时，为了使井口的流体流动，必须在管线入口建立起足够的压力。

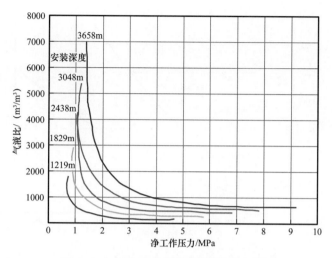

图 4-2-2　$2\frac{3}{8}$in 油管柱塞气举判识图版

例如：如果分离器的压力是 1MPa，井中的柱塞到达时，井口管线压力将达到 1.5MPa，因此应用图版时需要考虑地面管线压力实际情况，以取得准确的计算分析。

图 4-2-1 和图 4-2-2 中，Y 轴为柱塞气举井要求的最小的生产气液比，单位为 m^3/m^3。

查询图版：使用图版时，首先在 X 轴输入净工作压力，再垂直向上延伸到与井的深度相交，之后再向着 Y 轴水平延伸，与 Y 轴交点为该井柱塞气举需要的最小生产气液比。

应用判识：将气井实际生产气液比与图版所查到最小气液比相比较，如果气井实测生产气液比大于或等于从图版中得出的值，则该井满足柱塞气举气液比要求；如果实测值接近图版所给的值，井将有可能适合也有可能不适合柱塞气举，此情况下应结合产能供给等其他方法来确定是否应用柱塞气举；当实际生产值远小于图版查询结果，则该井在自身供给能量情况下不能满足柱塞气举技术条件。

图版法综合考虑了柱塞气举技术的气液比、净工作压力、井深和油管尺寸等参数，可准确分析柱塞气举适用性。

通过图 4-2-1 和图 4-2-2 两种规格柱塞气举气液比情况比较分析，大直径的油管柱塞气举有一定的优势，但随着油管内径增加，柱塞上行时液体漏失会增大，当柱塞上部无举升液体时，油管尺寸大对应柱塞尺寸及质量大，撞击井口装备时，可能会导致设备损坏。

图 4-2-1 和图 4-2-2 中没有说明套管的尺寸，套管尺寸越大，则需要的套管压力越小，由于 $5\frac{1}{2}$in 以上套管井应用柱塞气举技术较少，目前未形成相应的图版曲线。

气井存在封隔器且未解封时，应用柱塞气举技术，气井油套环空中无法储存气体能量，柱塞举液运行时，举升能量只能由开井时气藏产出气体能量提供，这样对气井产量要求更高。通过大量现场应用气井总结和有关文献查阅，对于安装封隔器气井，柱塞气举气液比经验判识依据为：要求最小气液比不小于 1000m³/（m³·1000m）。

是否安装有封隔器气井柱塞气举图版判识依据如图 4-2-3 所示。

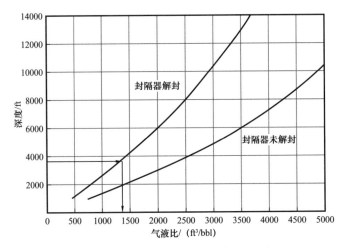

图 4-2-3　有无封隔器柱塞气举所需气液比

图 4-2-3 中绘出了有封隔器和无封隔器柱塞气举两种情况下的柱塞气举运行曲线，分别为油套环空连通和油套环空不连通两种情况，X 轴为气井柱塞气举技术需要的气液比，单位为 ft³/bbl，Y 轴是井深，单位是 ft。

应用时，从应用气井的深度为起点，沿 X 轴与有封隔器柱塞气举的曲线相交，再向下与 X 轴相交，交点为封隔器未解封气井所需最小气液比需求，气井生产实际气液比高于该值，则适合柱塞气举气液比要求，能够进行柱塞气举技术，相反实测气液比比图版查询最小气液比低时，则不适合柱塞气举技术。另外一种判识方法为：将气井实测气液比和井深作垂线相交，如果交点落在柱塞气举封隔器曲线下部，则表示能够满足柱塞气举气液比要求，相反落在曲线上部则不具备柱塞气举条件。

从图 4-2-3 中能够清楚地看出封隔器存在需要更高的气液比，对柱塞气举技术有不利影响；带有封隔器的柱塞气举判断图版为经验图版，不能够完全准确判识，但整体反映趋势是准确的。

3. 压力要求

柱塞气举压力要求是对气井套压和集输压力分析，判断是否满足柱塞举液条件。套压反映了柱塞气举时为举液提供动力，套压越高则举升力量越充足，集输压力是对柱塞举升时作用的回压，即柱塞举液运行阻力的反映，集输压力越高对柱塞举液越不利。

套压高于地面输压和运行中的阻力则满足柱塞举液要求，套压为气井关井恢复压力，如果气井因积液严重套压无法恢复时，则考虑排除积液后的套管恢复压力，输压为地面管线输气压力，井口或站内有节流阀时，则为节流后压力。满足柱塞气举技术套管恢复压力与输气压力要求的经验判断方法为：关井套压恢复值宜不小于 1.5 倍井口节流后压力。

4. 井深

气井深度增加对柱塞气举应用是一个不利影响因素，随着气井深度增加，柱塞举升积液需要的气液比会成倍增加，在气井能量充足条件下，柱塞举液能够克服井深影响，因此理论上分析柱塞气举应用最大井深没有明确的限定。

随着气井生产进行，气井能量降低，柱塞举液需要克服气井深度困难从而满足举液条件，将引起柱塞举液气液比条件升高，不利于柱塞气举技术应用极限。目前国内外应用柱塞气举技术气井深度普遍小于4000m，考虑技术应用拓展性，限定柱塞气举技术应用井深宜小于5000m。

5. 产液量

柱塞气举技术应用时气液比条件是首先考虑的因素，在满足气液比条件下，还需要考虑气井产液量的影响，因为柱塞气举运行是一个间歇开关井的过程，需要关井让柱塞落入井底，同时让气井能量恢复到满足举升井筒积液条件，液体主要是在开井后柱塞举升到达井口，同时在气井续流阶段会有少量液体产出。因此，基于以上原因，柱塞气举运行气井产液量会有一个极限值，最大排液量与气井油管尺寸和气井深度有关，如图4-2-4所示的曲线用来确定柱塞气举运行的最大举液量，为井深和油管尺寸条件下最大产液量。

应用时，在 X 轴输入气井深度，然后垂直向上到给定的油管尺寸；最后，水平向左，与 Y 轴相交为柱塞气举允许的最大产液量。

对于常用的 $2\frac{7}{8}$in（73mm）生产油管，采用柱塞气举技术气井最大产液量宜小于 $30m^3/d$。

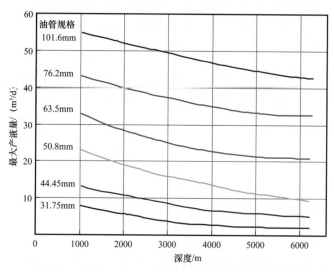

图4-2-4　不同油管规格下柱塞气举最大产液量与深度曲线

6. 井下管柱及井口

柱塞举液过程中，要求柱塞在井筒中能够正常上下往复运动，这对气井生产管柱、井斜和井口通径提出了要求。

1）井下管柱

（1）对于光油管完井气井，要求：

① 气井生产油管中部无缩径，满足柱塞上下顺利通行；

② 气井生产油管中部存在缩径时，要求缩径尺寸变化范围不能过大，可选择应用刷式柱塞，运行中油管缩径个数越少越好；

③ 要求柱塞运行段油管上无穿孔，油管穿孔将出现柱塞举液能量漏失情况。

（2）对于油管上装有井下工具完井气井，要求：

① 气井油管井下工具常包含有安全接头、水力锚、封隔器等，当井下工具存在缩径时，会影响柱塞气举坐落器投放和柱塞运行，一般情况下坐落器投放在井下工具上部，要求井下工具安装位置接近油管鞋位置，能够排除井筒主要积液，剩余积液不会影响气井正常生产，因此，对于井下工具位置距离油管鞋位置较大时，不适合应用柱塞气举技术；

② 当井下工具与油管保持相同通径时，则与光油管柱塞工具相同，对柱塞运行无影响；

③ 同样要求柱塞运行段油管上无穿孔。

（3）对于上下两种不同尺寸规格油管，要求：

① 上部为大尺寸管径油管、下部为小尺寸管径油管的组合生产管柱气井，可选择两级组合的柱塞气举技术；

② 上部为小尺寸管径油管、下部为大尺寸管径油管的组合生产管柱气井，则不适合柱塞气举技术。

2）井斜

柱塞气举在斜井或水平井应用时，需要考虑两方面影响：一是能够满足柱塞气举井下坐落器顺利安装投放；二是需要满足柱塞在斜井段正常下落和上行。

气田常用的坐落器为卡定式和卡瓦式两种结构：卡定式坐落在油管接箍位置，在井斜30°以内能够稳定坐放；卡瓦式在60°以内井斜满足坐放条件，在高于60°井斜进行投放作业时，采用下剪切丢手方式，由于井斜过大，存在丢手困难问题。

在气井柱塞气举技术应用中，针对大井斜气井应用柱塞气举技术投放作业的丢手困难问题，随着技术进步，出现了上提式剪切丢手工艺，满足井斜大于60°时的应用。

3）井口采气树

柱塞气举技术井口采气树通径尺寸与油管通径相匹配，井口通径宜不大于井下生产管柱通径3mm，能够良好地引导运行柱塞到达采气树顶部的柱塞气举防喷管中；相反，如果采气树通径与油管通径不匹配，将对柱塞气举技术产生严重影响，具体影响如下：

（1）采气树通径小于油管通径时，两者尺寸接近时，能够选择刷式柱塞应用，若相差较大时，则柱塞气举技术无法应用，需更换井口采气树后满足技术应用。

（2）采气树通径大于油管通径时，一般情况下采气树通径略大于油管通径，以 $2\frac{7}{8}$in

生产油管为例，油管通径为 62mm，常采用配套 KQ65-70，采气树通径尺寸为 65mm，这种情况属于正常状况，满足柱塞通过采气树到达井口防喷管需求；若采气树与油管尺寸不配套，采气树通径远大于油管通径，如仍以 $2^7/_8$in 生产油管为例，油管通径为 62mm，但采用的采气树型号为 KQ78-100，采气树通径尺寸为 78mm，远大于油管通径，这样会引起柱塞进入采气树后气体漏失显著增大，运行柱塞下部气体会沿柱塞与采气树间歇流过，当气井产量较小时，将无法满足柱塞举液到达防喷管内，柱塞到达传感器无法感知柱塞到达信息。这类井应用柱塞气举技术，会降低柱塞举液效率，同时不利于对柱塞气举管理，选井时尽量避开这类气井。

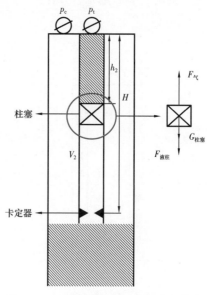

图 4-2-5　柱塞位于井口时的临界状态

二、适应性分析

1. 模型的建立

结合实际井筒情况进行推导，建立与现场实际相适应的图版。

当柱塞举升液体刚好达到井口的临界状态时，如图 4-2-5 所示，管柱中气体膨胀产生的推力应当大于柱塞自身重力 + 柱塞上部静液柱压力[123]，即：

$$F_{气} > G_{柱塞} + F_{液柱} \qquad (4\text{-}2\text{-}1)$$

$$F_{液柱} = \left(p_t + \rho_w g h_2\right) \times A_{柱塞} \qquad (4\text{-}2\text{-}2)$$

柱塞下部压力：

$$p_m = \frac{F_{气}}{A_{柱塞}} \qquad (4\text{-}2\text{-}3)$$

换算到井口和井底压力为：

$$p_c = p_m e^{-s_1} \qquad (4\text{-}2\text{-}4)$$

$$p_{wc} = p_m e^{s_2} \qquad (4\text{-}2\text{-}5)$$

其中：

$$s = \frac{28.97 \gamma_g g H}{RTZ}$$

对于 s_1，式中的 H 应为柱塞上方液柱高度；对于 s_2，式中的 H 应为卡定器深度与柱塞上方液柱高度之差。

由此可进一步得到管柱中气体平均压力为：

$$p_2 = \frac{p_c + p_{wc}}{2} \qquad （4-2-6）$$

此时气体满足状态方程：

$$p_2 V_2 = nRZT_2 \qquad （4-2-7）$$

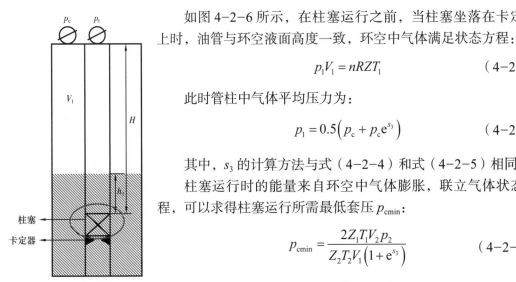

如图 4-2-6 所示，在柱塞运行之前，当柱塞坐落在卡定器上时，油管与环空液面高度一致，环空中气体满足状态方程：

$$p_1 V_1 = nRZT_1 \qquad （4-2-8）$$

此时管柱中气体平均压力为：

$$p_1 = 0.5\left(p_c + p_c e^{s_3}\right) \qquad （4-2-9）$$

其中，s_3 的计算方法与式（4-2-4）和式（4-2-5）相同。

柱塞运行时的能量来自环空中气体膨胀，联立气体状态方程，可以求得柱塞运行所需最低套压 p_{cmin}：

$$p_{cmin} = \frac{2Z_1 T_1 V_2 p_2}{Z_2 T_2 V_1 \left(1 + e^{s_3}\right)} \qquad （4-2-10）$$

图 4-2-6 柱塞位于卡定器时状态分析

式中　$F_{气}$——管柱中气体膨胀产生的推力，N；

　　　$G_{柱塞}$——柱塞重力，N；

　　　$F_{液柱}$——柱塞上方液柱产生的压力，N；

p_t——油压，MPa；

ρ_w——液体密度，kg/m^3；

g——重力加速度，m/s^2；

h_2——柱塞上方液柱高度，m；

$A_{柱塞}$——柱塞截面积，m^2；

p_c——套压，MPa；

p_{wc}——井底压力，MPa；

γ_g——天然气相对密度；

H——已知压力点到未知压力点的距离，m；

R——气体常数；

T——井段平均温度，K；

Z——当前状态下气体的偏差系数；

V_2——液柱刚好到达井口时，环空体积与柱塞下方体积之和，m^3；

n——气体物质的量，mol；

T_2——液柱刚好到达井口时，环空与柱塞下方气柱的平均温度，K；

p_2——液柱刚好到达井口时，环空与柱塞下方气柱的平均压力，MPa；

p_1——柱塞位于卡定器时，管柱中气体的平均压力，MPa；

V_1——柱塞位于卡定器时，环空气体体积，m^3；

T_1——柱塞位于卡定器时，环空气柱平均温度，K；

下角 1——柱塞位于卡定器上的时刻；

下角 2——液柱刚好到达井口的时刻。

积液高度可以由油套压差计算，因此，只需根据油套压大小，即可判断在当前输压条件下柱塞的可行性。

2. 适应性图版的建立

考虑不同油套压差、排水量与产气量条件下，计算实施柱塞排水采气工艺所需最低套压，并将结果绘制成图版，如图 4-2-7 至图 4-2-9 所示。实际工作中可以方便地根据油套压差、排水量与产气量等参数查出实施柱塞气举排水采气工艺所需最低套压，判断工艺的可行性。

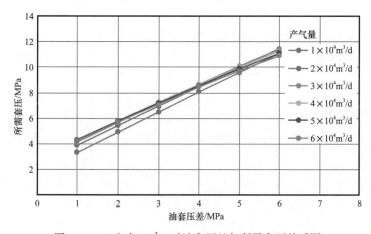

图 4-2-7 产水 $1m^3/d$ 时油套压差与所需套压关系图

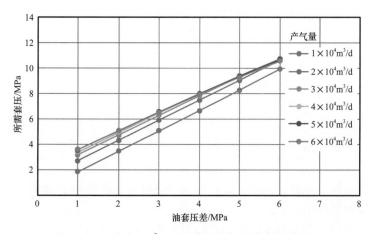

图 4-2-8 产水 $2m^3/d$ 时油套压差与所需套压关系图

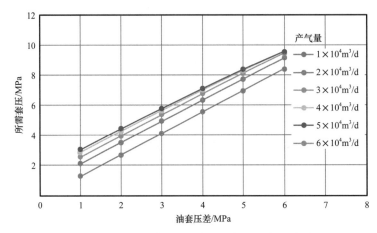

图 4-2-9 产水 5m³/d 时油套压差与所需套压关系图

第三节 柱塞气举装置选择

气井通过柱塞气举技术适用性分析，确定适合进行柱塞气举工艺后，在技术应用前则需要根据气井自身情况对相适应的装置及工具进行选择，选取最适合的柱塞气举装置、井下工具、密封柱塞和控制装置，对柱塞气举成功应用和高效排液至关重要。

一、井下坐落器

柱塞气举井下坐落器选定与气井油管尺寸、类型、井斜和井下工具有关，具体选择参考如下标准。

（1）首先根据油管结构选择坐落器类型，当油管连接部位有接箍缝隙时（如气田常用的 EUE 油管类型），则常用的卡定式、弹块式坐落器均能够满足应用条件，一般优选卡定式结构坐落器，投放打捞稳定；当油管采用气密封结构，油管与油管之间连接缝隙小，不满足坐放部件进入条件，如气田常用的 FOX 型结构油管，则只能选择卡瓦式结构坐落器。

（2）根据气井坐落器安装深度处井斜确定坐落器类型，油管有接箍缝隙时，直定向井常选择卡定式坐落器；对于水平井，安装深度超过 60°时，考虑坐落器投放稳定性，选择上剪切投放方式的坐落器。

（3）根据气井管柱内径尺寸选择坐落器尺寸。

（4）对于气井油管底部（接近油管鞋 300m 以内距离）具有缩径短节或缩径井下工具，且缩径短节、井下工具与油管之间连接稳固，满足柱塞下落撞击条件时，可采用缩径坐落短节、井下工具作为柱塞限位器，配套选择带缓冲功能的柱塞，省去了柱塞坐落器及投放作业。

（5）对于水平井或大井斜气井，当产水量较小时，选择在柱塞坐落器上增加单流密封工具，提高柱塞举液效率。

（6）对于出砂较为严重气井，在坐落器上增加防砂部件。

二、柱塞

1. 应用柱塞类型选取

柱塞气举技术选择柱塞时，首先根据气井生产中出砂、结垢等情况判识柱塞适用性，选取适用的柱塞类型，柱塞类型适用性见表4-3-1。

柱塞类型选取指导原则：

（1）出砂、结垢严重气井选用刷式柱塞。

（2）正常情况优先选择柱状柱塞。

（3）气井产量较低时，选择衬垫式柱塞。

（4）气量较高、水量较大气井选用快落式柱塞。

（5）其他柱塞应用根据气举需求和柱塞特性进行选取。

表4-3-1　柱塞类型与适用条件

柱塞类型	气井类型			备注
	普通井	出砂井	结垢井	
衬垫式柱塞	适用	不适用	不适用	密封性好
刷式柱塞	适用	适用	适用	容易磨损
柱状柱塞	适用	适用	适用	适用于高气液比井
快落式柱塞	适用	适用	适用	下落速度快

2. 柱塞外径尺寸选择

柱状、刷式、衬垫式和快落式4种类型柱塞在不同尺寸（内径）油管中使用时，柱塞最大外径尺寸和打捞颈尺寸选择参考表4-3-2。

表4-3-2　不同尺寸油管柱塞推荐表

油管尺寸（内径）/mm	柱塞类型	最大外径/mm	打捞颈尺寸/mm
76.0	柱状柱塞	68.0	59.0
	刷式柱塞	68.0	
	衬垫式柱塞	74.0	
	快落式柱塞	68.0	
62.0	柱状柱塞	59.5	44.5
	刷式柱塞	59.0	
	衬垫式柱塞	62.2	
	快落式柱塞	59.5	

续表

油管尺寸（内径）/mm	柱塞类型	最大外径 /mm	打捞颈尺寸 /mm
50.8	柱状柱塞	48.5	35.0
	刷式柱塞	49.0	
	衬垫式柱塞	50.8	
	快落式柱塞	48.5	

三、井口防喷管

柱塞气举防喷管应用时根据气井压力和需要进行选择，选择依据为：

（1）一般情况下选取法兰连接柱塞防喷管，当气井压力高时，必须选择法兰连接柱塞防喷管。

（2）防喷管生产横管优先选取双通道防喷管，有利于柱塞到达检测和捕捉。

（3）柱塞气举防喷管捕捉器优先选择手动柱塞捕捉器，特殊井况下选取自动柱塞捕捉器。

四、控制阀门

柱塞气举控制阀门选择依据：

（1）柱塞气举井口具有远程控制阀门时，直接用于控制柱塞气举井运行，无须再配套控制阀门。

（2）常规柱塞气举井选用气动薄膜阀作为柱塞气举控制阀门。

（3）对于关井恢复压力较高气井，开井会影响地面输气管线超压气井，选用可调节开度的控制阀门。

（4）若气井井口对排放气体有严格要求时，选用电动或液动控制阀门。

（5）若气井无适合仪表风控制气源时，选择电动或液动控制阀门。

五、控制系统

柱塞气举控制系统选择依据：

（1）选用柱塞气举控制器易于操作，功能满足气井长开、长关和柱塞气举等生产控制功能。

（2）有实时油压、套压和柱塞到达监测装置。

（3）具有远程监测控制功能。

（4）具有自动或智能优化控制模式。

第四节　井口流程设计

柱塞气举技术应用中，井口防喷管安装完成后，气井投产前需要对柱塞气举生产流程进行恢复，将柱塞气举生产通道接入系统生产流程中，在柱塞气举流程恢复中，根据气井采气树不同类型结构进行生产流程设计，主要有4种结构，应用时可根据井口结构进行参考。

一、柱塞气举双通道井口流程

利用气井自身能量实现柱塞举液，采气井口为标准井口（10阀），防喷管为双气流通道，流程及安装结构如图4-4-1所示。

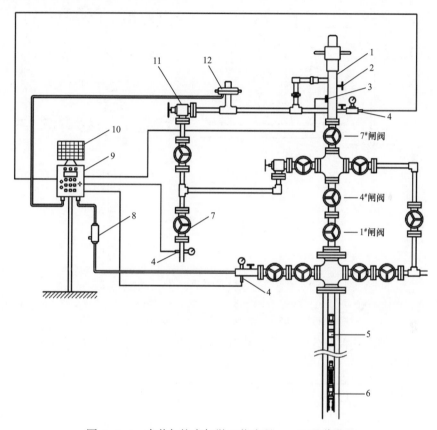

图4-4-1 本井气柱塞气举工艺流程——双通道流程

1—柱塞防喷管；2—柱塞捕捉器；3—柱塞感应器；4—压力传感器；5—柱塞；6—井下限位器；7—截止阀；8—分液罐；
9—柱塞控制器；10—太阳能面板；11—节流阀；12—开关井控制阀

二、柱塞气举单通道井口流程

与双通道流程结构相近，区别在于防喷管气流通道由双流体通道简化为单流体通道，对防喷管结构进行简化，流程及安装结构如图4-4-2所示。

三、简化柱塞气举工艺流程

防喷管结构与双流体通道相同，但采气井口为简化结构（1个油管阀、1个套管阀），这种井口有利于柱塞到达井口防喷管，井口管线连接简单，但对阀门性能要求较高，流程及安装结构如图4-4-3所示。

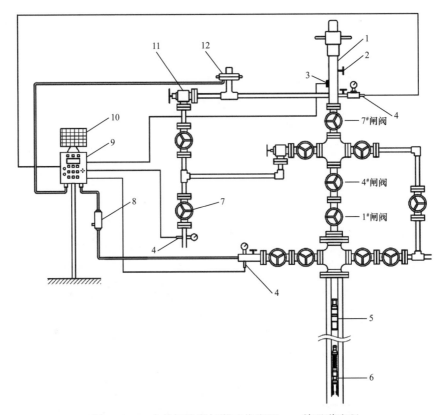

图 4-4-2　本井气柱塞气举工艺流程——单通道流程

1—柱塞防喷管；2—柱塞捕捉器；3—柱塞感应器；4—压力传感器；5—柱塞；6—井下限位器；7—截止阀；8—分液罐；
9—柱塞控制器；10—太阳能面板；11—节流阀；12—开关井控制阀

目前还有一种简化柱塞井口，采气井口为标准井口，但柱塞防喷管简化为仅预留缓冲功能。

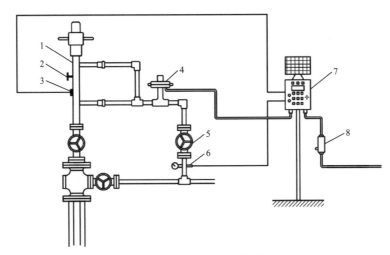

图 4-4-3　简化的柱塞气举工艺流程

1—柱塞防喷管；2—柱塞捕捉器；3—柱塞感应器；4—开关井控制阀；5—截止阀；6—压力传感器；7—柱塞控制器；
8—分液罐

四、外加气源举升井口流程

外加气源柱塞气举井口流程，在原有柱塞流程基础上，增加了从套管注气的流程和控制功能，流程及安装结构如图4-4-4所示。

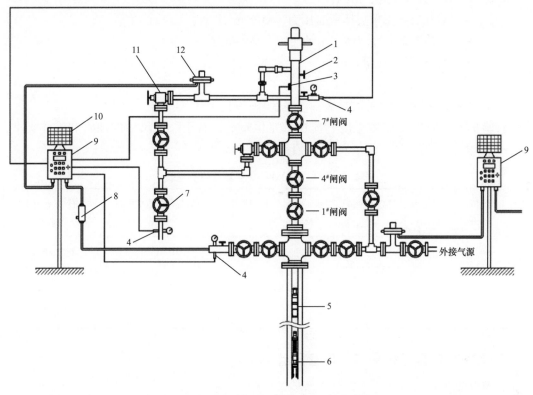

图4-4-4 外加气源柱塞气举地面双控制流程

1—柱塞防喷管；2—柱塞捕捉器；3—柱塞感应器；4—压力传感器；5—柱塞；6—井下限位器；7—截止阀；8—分液罐；9—柱塞控制器；10—太阳能面板；11—节流阀；12—开关井控制阀

第五节 柱塞运行设计

柱塞气举设计是以井底为节点，油（气）层流入曲线按照油（气）井产能计算方法计算，井筒流出曲线推荐福斯（Foss）—格尔（Gaul）经验计算法计算，通过节点分析获得柱塞的运行参数，如最小井口套压、最大井口套压、柱塞循环次数等。

一、参数计算方法

1. 最小井口套压计算

计算公式为：

$$p_{c\min} = \left[p_p + p_{t\min} + p_a + (p_{LH} + p_{LF}) q_L \right] \left(1 + \frac{H_z}{K} \right) \qquad (4-5-1)$$

式中 $p_{c\,min}$——最小井口套压，柱塞到达井口时的套压，MPa；

p_p——举升柱塞本身所需压力（p_p= 柱塞重量 / 柱塞截面积，推荐柱塞质量 5kg），MPa；

$p_{t\,min}$——柱塞到达井口后的油压，MPa；

p_a——当地大气压力，MPa；

p_{LH}——举升每立方米液体所需压力，MPa/m³；

p_{LF}——举升每立方米液体产生的摩阻，MPa/m³；

q_L——单循环举升液量，m³；

H_z——井下限位器位置，m；

K——与油管尺寸有关的常数，参见表 4-5-1。

计算时，通常假定流体温度和流速都是恒定的，对于一定尺寸的油管和液体类型，（$p_{LH}+p_{LF}$）是恒定的[124]。（$p_{LH}+p_{LF}$）取值参见表 4-5-1。

表 4-5-1　柱塞设计相关参数取值参考表

油管外径 / mm	举升每立方米液体需要压力和产生摩阻和（$p_{LH}+p_{LF}$）/（MPa/m³）	与油管尺寸有关的常数 K	与油管尺寸有关的常数 C
60.3	7.157	10210.80	0.0260526
73.0	4.424	13716.00	0.0391192
88.9	2.733	17556.48	0.0585980

2. 最大井口套压和平均井口套压计算

计算公式为：

$$p_{cmax} = \left[(A_t + A_a) / A_a \right] p_{cmin} \tag{4-5-2}$$

$$p_{cavg} = \left[1 + A_t / (2A_a) \right] p_{cmin} \tag{4-5-3}$$

式中 $p_{c\,max}$——最大井口套压（通常取油井开井时的套压），MPa；

A_t——油管截面积，m²；

A_a——环空面积，m²；

p_{cavg}——平均井口套压，MPa。

3. 单循环举升所需气量及气液比计算

计算公式为：

$$q_{gcyc} = CH_z p_{cavg} \tag{4-5-4}$$

$$R = \frac{q_{gcyc}}{q_L} \tag{4-5-5}$$

式中　q_{gcyc}——单循环举升所需气量，m^3；

　　　C——与油管尺寸有关的常数，见表 4-5-1；

　　　R——举升气液比，m^3/m^3。

4. 柱塞循环次数计算

计算公式为：

$$C_y = \frac{1440}{t_{dg}+t_{dl}+t_{up}+t_{fl}+t_{cb}}$$ （4-5-6）

$$Q_L = C_y q_L$$ （4-5-7）

$$t_{dl} = \frac{H_z - H_f}{v_{fl}}$$ （4-5-8）

$$t_{dg} = \frac{H_f}{v_{fg}}$$ （4-5-9）

$$t_{up} = \frac{H_z}{v_r}$$ （4-5-10）

式中　C_y——柱塞每天循环次数，次 /d；

　　　t_{dg}——柱塞在气体中的下落时间，min；

　　　t_{dl}——柱塞在液体中的下落时间，min；

　　　t_{up}——柱塞上行时间，min；

　　　t_{fl}——续流时间，即柱塞到达井口后继续开井生产时间（外加气源时为零），min；

　　　t_{cb}——套管恢复压力时间（外加气源时为零），min；

　　　Q_L——油井产液量，m^3/d；

　　　H_f——关井时液面恢复深度，m；

　　　v_{fl}——柱塞在液体中的下落速度，经验值 15～40m/min，m/min；

　　　v_{fg}——柱塞在气体中的下落速度，经验值 60～150m/min，m/min；

　　　v_r——柱塞平均上升速度，经验值 150～300m/min，m/min。

5. 井底流压计算

计算公式为：

$$p_{wf} = p_{cavg}(1+f) + \frac{\rho g(H - H_z)}{1000}$$ （4-5-11）

式中　p_{wf}——井底流压，MPa；

　　　f——井下限位器深度条件下油气井产出气柱压力系数，取值参见表 4-5-2；

ρ——产出混合液体密度（常采用加权平均法计算），$10^3 kg/m^3$；

g——重力加速度，m/s^2；

H——油藏中深，m。

表 4-5-2　不同气体相对密度条件下气柱压力系数表

井深 / m	压力系数								
	0.60	0.65	0.70	0.75	0.80	0.85	0.90	0.95	1.00
305	0.0212	0.0228	0.0246	0.0264	0.0281	0.0299	0.0317	0.0335	0.0353
366	0.0253	0.0274	0.0295	0.0317	0.0339	0.0361	0.0382	0.0404	0.0425
427	0.0296	0.0321	0.0345	0.0371	0.0396	0.0421	0.0446	0.0473	0.0498
488	0.0339	0.0367	0.0395	0.0425	0.0454	0.0483	0.0512	0.0542	0.0570
549	0.0382	0.0414	0.0446	0.0479	0.0513	0.0545	0.0578	0.0612	0.0644
610	0.0425	0.0461	0.0496	0.0533	0.0571	0.0607	0.0644	0.0682	0.0718
671	0.0468	0.0508	0.0547	0.0588	0.0629	0.0670	0.0711	0.0753	0.0793
732	0.0512	0.0556	0.0598	0.0644	0.0688	0.0733	0.0778	0.0824	0.0868
792	0.0534	0.0604	0.0650	0.0700	0.0748	0.0797	0.0845	0.0895	0.0944
853	0.0555	0.0651	0.0702	0.0755	0.0808	0.0860	0.0913	0.0967	0.1020
914	0.0600	0.0700	0.0754	0.0815	0.0868	0.0925	0.0982	0.1040	0.1098
975	0.0643	0.0748	0.0806	0.0867	0.0928	0.0990	0.1050	0.1115	0.1175
1036	0.0688	0.0795	0.0859	0.0924	0.0989	0.1055	0.1121	0.1189	0.1250
1097	0.0733	0.0845	0.0912	0.0981	0.1050	0.1121	0.1190	0.1262	0.1360
1158	0.0777	0.0894	0.0965	0.1038	0.1114	0.1187	0.1261	0.1338	0.1410
1219	0.0822	0.0944	0.1018	0.1098	0.1175	0.1250	0.1361	0.1412	0.1489
1280	0.0868	0.0992	0.1074	0.1155	0.1238	0.1340	0.1402	0.1489	0.1569
1341	0.0912	0.1042	0.1128	0.1213	0.1300	0.1386	0.1472	0.1565	0.1650
1402	0.0958	0.1094	0.1183	0.1272	0.1362	0.1453	0.1545	0.1640	0.1730
1463	0.1003	0.1143	0.1238	0.1331	0.1427	0.1521	0.1619	0.1718	0.1810
1524	0.1049	0.1194	0.1292	0.1390	0.1490	0.1589	0.1691	0.1795	0.1894
1585	0.1142	0.1245	0.1348	0.1450	0.1552	0.1659	0.1765	0.1872	0.1977
1646	0.1190	0.1295	0.1401	0.1510	0.1619	0.1728	0.1839	0.1951	0.2060
1707	0.1236	0.1347	0.1458	0.1570	0.1682	0.1798	0.1913	0.2030	0.2144
1768	0.1282	0.1398	0.1512	0.1636	0.1750	0.1867	0.1988	0.2112	0.2230

井深/	压力系数								
m	0.60	0.65	0.70	0.75	0.80	0.85	0.90	0.95	1.00
1829	0.1330	0.1450	0.1569	0.1690	0.1815	0.1938	0.2061	0.2193	0.2315
1890	0.1378	0.1500	0.1625	0.1750	0.1880	0.2008	0.2139	0.2275	0.2400
1951	0.1425	0.1552	0.1681	0.1815	0.1947	0.2080	0.2216	0.2355	0.2485
2012	0.1471	0.1605	0.1739	0.1874	0.2013	0.2150	0.2290	0.2435	0.2573
2073	0.1520	0.1659	0.1796	0.1935	0.2080	0.2221	0.2368	0.2502	0.2660
2134	0.1568	0.1710	0.1853	0.2000	0.2125	0.2295	0.2445	0.2600	0.2750
2195	0.1615	0.1762	0.1920	0.2060	0.2215	0.2368	0.2525	0.2682	0.2840
2316	0.1713	0.1870	0.2018	0.2187	0.2350	0.2515	0.2680	0.2853	0.3015
2377	0.1762	0.1924	0.2085	0.2250	0.2420	0.2585	0.2760	0.2940	0.3107
2438	0.1812	0.1979	0.2145	0.2315	0.2488	0.2662	0.2840	0.3025	0.3200
2499	0.1860	0.2032	0.2203	0.2380	0.2560	0.2735	0.2920	0.3110	0.3290
2560	0.1910	0.2085	0.2263	0.2445	0.2630	0.2815	0.3000	0.3195	0.3381
2621	0.1960	0.2140	0.2322	0.2510	0.2700	0.2890	0.3081	0.3285	0.3479
2682	0.2010	0.2195	0.2383	0.2575	0.2770	0.2962	0.3165	0.3370	0.3570
2743	0.2060	0.2250	0.2443	0.2640	0.2840	0.3041	0.3248	0.3460	0.3665
2804	0.2110	0.2305	0.2502	0.2701	0.2915	0.3121	0.3330	0.3545	0.3760
2865	0.2160	0.2362	0.2565	0.2770	0.2981	0.3195	0.3410	0.3640	0.3855
2926	0.2212	0.2420	0.2625	0.2840	0.3055	0.3275	0.3500	0.3730	0.3950
2987	0.2261	0.2475	0.2690	0.2905	0.3127	0.3350	0.3582	0.3820	0.4050
3048	0.2315	0.2530	0.2750	0.2970	0.3200	0.3433	0.3665	0.3925	0.4150
3109	0.2365	0.2585	0.2810	0.3040	0.3270	0.3510	0.3750	0.4010	0.4240
3170	0.2420	0.2645	0.2871	0.3110	0.3345	0.3590	0.3840	0.4100	0.4340
3231	0.2470	0.2700	0.2937	0.3175	0.3420	0.3670	0.3925	0.4190	0.4440
3292	0.2520	0.2760	0.3000	0.3245	0.3500	0.3755	0.4015	0.4280	0.4540
3353	0.2575	0.2815	0.3061	0.3315	0.3570	0.3835	0.4100	0.4379	0.4645
3414	0.2625	0.2874	0.3125	0.3385	0.3645	0.3915	0.4185	0.4475	0.4750
3475	0.2679	0.2930	0.3188	0.3450	0.3720	0.4000	0.4275	0.4570	0.4850
3536	0.2730	0.2990	0.3252	0.3502	0.3800	0.4079	0.4370	0.4670	0.4950

井深/	压力系数								
m	0.60	0.65	0.70	0.75	0.80	0.85	0.90	0.95	1.00
3597	0.2785	0.3044	0.3320	0.3509	0.3875	0.4165	0.4452	0.4767	0.5051
3658	0.2835	0.3105	0.3383	0.3665	0.3950	0.4250	0.4550	0.4863	0.5165
3719	0.2890	0.3165	0.3448	0.3735	0.4025	0.4335	0.4635	0.4960	0.5270
3780	0.2945	0.3225	0.3515	0.3805	0.4110	0.4420	0.4725	0.5060	0.5375
3840	0.3000	0.3285	0.3580	0.3880	0.4180	0.4500	0.4820	0.5155	0.5480
3901	0.3050	0.3345	0.3645	0.3950	0.4270	0.4585	0.4915	0.5260	0.5582
3962	0.3120	0.3402	0.3710	0.4025	0.4345	0.4675	0.5010	0.5363	0.5700
4023	0.3160	0.3465	0.3780	0.4100	0.4425	0.4760	0.5100	0.5460	0.5810
4084	0.3215	0.3525	0.3845	0.4170	0.4500	0.4850	0.5198	0.5570	0.5915
4145	0.3270	0.3585	0.3910	0.4243	0.4580	0.4937	0.5290	0.5675	0.6025
4206	0.3327	0.3650	0.3980	0.4320	0.4670	0.5025	0.5388	0.5775	0.6130
4267	0.3382	0.3710	0.4050	0.4390	0.4750	0.5115	0.5485	0.5880	0.6250
4328	0.3440	0.3775	0.4120	0.4470	0.4830	0.5200	0.5579	0.5988	0.6365
4389	0.3495	0.3835	0.4180	0.4545	0.4910	0.5295	0.5675	0.6090	0.6475
4450	0.3550	0.3900	0.4250	0.4620	0.5000	0.5380	0.5775	0.6190	0.6590
4511	0.3605	0.3960	0.4325	0.4700	0.5075	0.5475	0.5875	0.6300	0.6710
4572	0.3661	0.4025	0.4390	0.4975	0.5165	0.5565	0.5975	0.6415	0.6820

注：（1）本表所列均为60℉的压力系数；

（2）温度不同的校正方法为所查压力系数 ×540/（温度 +460）。

二、柱塞举升参数设计步骤

柱塞举升参数设计包括下列步骤。

（1）井下限位器位置取值：自油管管鞋处向上，依次相隔100m进行 H_z 取值，对于井深大于3000m气井，可适当放大距离至200m或更大，H_z 最小深度大于油井静液面深度，视井深情况，可取值10～20个（分别为 H_{z1}，H_{z2}，H_{z3}，…，H_{z20}）。

（2）单循环产液量 q_L 取值：按目标井停喷前产液量的3%为起始值，以3%为步长，分别对单循环产液量 q_L 进行取值，通常取值15～25个（分别为 q_{L1}，q_{L2}，q_{L3}，…，q_{L25}）。

（3）计算油井日产液量 Q_L：分别根据不同的［H_z，q_L］，按式（4-5-1）确定 p_{cmin}、式（4-5-2）确定 p_{cmax}、式（4-5-3）确定 p_{cavg}、式（4-5-11）确定 p_{wf}。式（4-5-6）中当 t_{fl}、t_{cb} 为零时的 C_y 为最大循环次数，此时柱塞举升能力最大，根据该 C_y 值，按式（4-5-7）确定油井 Q_L。

（4）计算油井在不同流压下的产液量：根据 Vogel 方程 $Q_L=Q_{max}\times[1-0.2p_{wf}/\overline{p_r}-0.8$ $(p_{wf}/\overline{p_r})^2]$（$Q_{max}$ 为油井无阻流量，m^3/d；$\overline{p_r}$ 为平均油藏压力，MPa）计算油井在不同流压下的产液量。

（5）计算不同 H_z 的 q_L、Q_L、p_{wf} 值：以 H_z 为变量，在同一图版上绘制步骤（3）及步骤（4）的 Q_L—p_{wf} 曲线；记录不同 H_z 下的曲线交点 $[Q_L，p_{wf}]$（此时，每个 H_z 下对应的 q_L、Q_L、p_{wf} 值的个数与 q_L 的取值数相同），对每个 H_z，取 Q_L 为最大值时对应的 p_{wf} 及 q_L（此时的 q_L 为该 H_z 下最佳单循环液量）。

（6）计算不同 H_z 的气液比 R：按式（4-5-4）和式（4-5-5）计算出不同 H_z 下的气液比 R（此时的 R 为该 H_z 下最佳气液比）。

（7）确定井下限位器安装位置 H_z：若不同 H_z 下所有 R 值均小于转柱塞气举前的油井气液比（R_b），则在上述 H_z 系列中取最大值，作为井下限位器安装位置；若所有 R 值均大于 R_b，则需在上述 H_z 系列中取最大值作为井下限位器安装位置，且需外加气源才能实现柱塞举升；若 R_b 处于 R 值分布范围内，则取与 R_b 接近的 R 值所对应的 H_z 作为井下限位器安装位置。

（8）确定 q_L、Q_L、p_{wf}、R：以步骤（7）所确定的 H_z 为基础，反查步骤（5）所确定的 q_L、Q_L、p_{wf} 值，步骤（6）所确定的 R 值，记录在表中。

（9）确定 Q_g：根据 $Q_g=Q_LR_b$ 确定 Q_g，记录在表中。

（10）确定 p_{cmin} 和 p_{cmax}：根据式（4-5-1）确定 p_{cmin}，式（4-5-2）确定 p_{cmax}，记录在表中。

（11）确定 C_y：根据式（4-5-6）确定 C_y，记录在表中。

（12）确定关井时间和套管恢复压力时间：根据式（4-5-8）和式（4-5-9）确定关井时间 $t_{dg}+t_{dl}+t_{cb}$，套管恢复压力时间 t_{cb} 在外加气源举升时取值为零，记录在表中。

（13）确定开井时间：根据式（4-5-10）确定开井时间 $t_{up}+t_{fl}$。若不延时关井 $t_{fl}=0$，若延时关井 t_{fl} 由柱塞达到井口后套压下降至 p_{cmin} 的时间决定，记录在表中。

（14）计算外加气源柱塞气举所需注气量 Q_{inj}：$Q_{inj}=q_LC_y（R-R_b）$，将设计结果记录在表中。

三、运行参数设计步骤

（1）确定单循环举升液量：

$$q_L=10^6(p_c-p_t)A_t/(\rho g) \tag{4-5-12}$$

式中　p_c——气井转柱塞气举前关井套压，MPa；

　　　p_t——气井转柱塞气举前关井油压，MPa。

（2）计算最小井口套压（关井套压）：确定最小井口套压（关井套压）参照式（4-5-1）。

（3）计算最大井口套压（开井套压）和平均井口套压：参照式（4-5-2）确定最大井口套压（开井套压），式（4-5-3）确定平均井口套压。

（4）计算井底流压：井底流压计算参照式（4-5-11）。

（5）计算产气量 Q_g 及产液量 Q_L：根据气井产能方程，确定气井产气量 Q_g，并根据气井生产气液比确定气井产液量 Q_L。

（6）计算气井的日循环次数 C_y：$C_y = Q_L/q_L$。

（7）计算单循环举升所需气量 q_{gcyc}：根据式（4-5-4）确定单循环举升所需气量 q_{gcyc}。

（8）计算单循环举升气液比 R：根据式（4-5-5）确定单循环举升气液比 R。

（9）计算套管恢复压力时间 t_{cb}：按式（4-5-13）计算套管恢复压力时间 t_{cb}。

（10）计算套管恢复压力时间和延长出液时间 t_{fl}：按式（4-5-14）计算延长出液时间 t_{fl}。

$$t_{cb} = \frac{1440 q_{gcyc}}{Q_g} - t_{dg} - t_{dl} \qquad (4-5-13)$$

$$t_{fl} = \frac{1440}{C_y} - t_{dg} - t_{dl} - t_{up} - t_{cb} \qquad (4-5-14)$$

四、设计实例

某口直井采用外径 $\phi139.7\text{mm} \times 9.15\text{mm}$ 套管、$\phi73\text{mm} \times 5.5\text{mm}$ 油管完井后自喷生产，油藏中深 3188m，油管下深 2900m，日产液 15m³，日产气 4000m³，不产水，油井地层压力 21MPa，井底流压 14MPa，液面位置 2196m，井口油压 1MPa，井口温度 40℃，井底温度 88℃，气体相对密度 0.85，油相对密度 0.8。计算该井转柱塞后的生产参数。

设计步骤：

（1）假设井下限位器深度 H_z 分别为 2850m、2700m、2550m、2400m、2250m。

（2）单循环液量 q_L 按 0.1m³ 为起始值，以 0.1m³ 为步长，依次取值。

（3）分别根据不同的 $[H_z, q_L]$，按式（4-5-1）确定 p_{cmin}，式（4-5-2）确定 p_{cmax}，式（4-5-3）确定 p_{cavg}，式（4-5-11）确定 p_{wf}，式（4-5-6）中当 t_{fl}、t_{cb} 为零时为最大循环次数，此时柱塞举升能力最大，确定 C_y，按式（4-5-7）确定油井 Q_L；按式（4-5-4）确定 q_{gcyc}；按式（4-5-5）确定 R。

① 以 $H_z = 2850\text{m}$、$q_L = 0.1\text{m}^3$ 为例。

已知柱塞质量 5kg、直径 59.5mm，可得 $p_p = 0.0178\text{MPa}$。$p_{LH} + p_{LF}$、K 查表 4-5-1 取值分别为 4.424、13716，$p_{tmin} = 1\text{MPa}$，$p_a = 0.1\text{MPa}$，$q_L = 0.1\text{m}^3$，$H_z = 2850\text{m}$，代入式（4-5-1）：

$$p_{cmin} = \left(0.0178 + 1 + 0.1 + 4.424 \times 0.1\right) \times \left(1 + \frac{2850}{13716}\right) = 1.884 (\text{MPa})$$

已知油管外径 73mm、内径 62mm，套管外径 139.7mm、内径 121mm，可计算得出 $A_t = 0.00302\text{m}^2$，$A_a = 0.00733\text{m}^2$，分别代入式（4-5-2）和式（4-5-3）：

$$p_{cmax} = \left[(A_t + A_a)/A_a\right] \times p_{cmin} = \left[(0.00302 + 0.00733)/0.00733\right] \times 1.884 = 2.6599 (\text{MPa})$$

$$p_{cavg} = \left[1 + A_t/(2A_a)\right] \times p_{cmin} = \left[1 + 0.00302/(2 \times 0.00733)\right] \times 1.884 = 2.2719 (\text{MPa})$$

已知 H_z=2850m，井口温度 40℃，井底温度 88℃，折算井筒平均温度 64℃，气体相对密度 0.85，查表 4-5-2，得到在 60℉ 下，f=0.3195，根据温度折算后 f=0.2841。ρ=0.8×10³kg/m³，H=3188m，代入式（4-5-11）计算 p_{wf}：

$$p_{wf} = p_{cavg}\left(1+f\right) + \rho g\left(H - H_z\right)/1000 =$$
$$2.2719 \times \left(1+0.2841\right) + 0.8 \times 9.8 \times \frac{3188-2850}{1000} = 5.5673\left(\text{MPa}\right)$$

已知 H_z=2850m，H_f=2196m。根据所选柱塞运行速度，v_{fg} 取 107m/min，v_{fl} 取 24m/min，v_r 取 229m/min，将以上参数分别代入式（4-5-8）、式（4-5-9）、式（4-5-10）可得到 t_{dg}=20.52min，t_{dl}=27.25min，t_{up}=12.45min，t_{fl}、t_{cb} 为零。上述计算结果代入式（4-5-6）计算 C_y：

$$C_y = \frac{1440}{t_{dg} + t_{dl} + t_{up} + t_{fl} + t_{cb}} = 1440 / \left(20.52 + 27.25 + 12.45\right) \approx 24\left(\text{次}/\text{d}\right)$$

已知 q_L=0.1m³，代入式（4-5-7）计算 Q_L：

$$Q_L = C_y q_L = 24 \times 0.1 = 2.4\left(\text{m}^3\right)$$

根据油管外径 73mm，查表 4-5-1，C 取值 0.039119 代入式（4-5-4），计算 q_{gcyc}：

$$q_{gcyc} = CH_z p_{cavg} = 0.039119 \times 2850 \times 2.2719 = 253.29\left(\text{m}^3\right)$$

根据式（4-5-5）计算柱塞气举需要的气液比 R：

$$R = q_{gcyc} / q_L = 253.29 / 0.1 = 2532.9\left(\text{m}^3/\text{m}^3\right)$$

② 以 H_z=2850m，单循环液量 q_L 按 0.1m³、0.2m³、0.3m³、0.4m³、0.5m³、0.6m³、0.7m³、0.8m³、0.9m³、1m³，依次取值。重复步骤①，得到 10 组步骤①中系列参数计算值。在图版上绘制 Q_L—p_{wf} 曲线。

（4）已知该井日产油 15m³，日产气 4000m³，不产水，地层压力 21MPa，井底流压 14MPa，推算无阻流量 30m³/d，代入 Vogel 方程 $Q_L=Q_{max}\left[1-0.2 p_{wf}/\overline{p_r} - 0.8\left(p_{wf}/\overline{p_r}\right)^2\right]$，并在同一图版上绘制 Q_L—p_{wf} 曲线。

（5）读取图版上两条曲线的交点，得到在 H_z=2850m 条件下的柱塞气举参数：

Q_L=19.13m³/d；p_{wf}=11.36MPa；C_y=24 次/d；R=945m³/m³；q_L=0.8m³

（6）重复步骤（3）至步骤（5）得到不同井下限位器深度，柱塞气举参数列在表 4-5-3 中。

（7）已知油井日产液 Q_L=15m³，日产气 Q_g=4000m³，可得气液比 R_b=267m³/m³，与表 4-5-3 中的气液比比较，油井自身气液比小于任一井下限位器深度下柱塞举升所需要的气液比，因此建议外加气源举升。设计井下限位器位置 H_z=2850m，柱塞举升参数见表 4-5-3 中相应井下限位器深度下参数。

表 4-5-3　不同井下限位器位置柱塞气举参数

坐落短节位置 H_z/m	日产液量 Q_L/ m³	井底流压 p_{wf}/ MPa	柱塞每天循环次数 C_y/（次/d）	举升气液比 R/（m³/m³）	单循环举升液量 q_L/m³
2850	19.13	11.36	24	945	0.8
2700	18.91	11.50	27	918	0.7
2550	18.62	11.57	31	897	0.6
2400	18.23	12.08	36	885	0.5
2250	17.67	12.35	44	892	0.4

（8）反查在 $[H_z, q_L] = [2850, 0.8]$ 条件下，计算得到的 p_{cmin}、p_{cmax}、C_y、$t_{dg}+t_{dl}+t_{cb}$、$t_{up}+t_{fl}$ 如下：

p_{cmin}=5.624MPa；p_{cmax}=7.941MPa；C_y=24；$t_{dg}+t_{dl}+t_{cb}$=48min（外加气源套管恢复压力时间，t_{cb}=0）；

$t_{up}+t_{fl}$=12.4min（外加气源举升油井不考虑续流，t_{fl}=0）。

（9）计算外加气源柱塞气举的注气量 Q_{inj}：

$$Q_{inj} = q_L C_y (R - R_b) = 0.8 \times 24 \times (945 - 267) = 13017.6 \left(m^3 / d \right)$$

（10）记录计算结果。

第五章　设备安装、管理及工艺维护

　　柱塞气举装置安装完成后进入优化调参、维护管理阶段，优化调参、维护管理是柱塞气举生命周期中时间最长、最为重要的一部分，决定了柱塞气举生命力、气井生产效率和最终采收率，合理的运行制度能够保证柱塞气举高效排液、气井稳定生产，不合理的工作制度会使气井受到积液影响而低效生产甚至停产；同样，柱塞气举装置是对气井稳定运行的另一方面的保障，只有完好的装置、适合且先进的装置配套，才能更大限度发挥柱塞运行效果，一个关键装置的故障都会引起整个系统失效。因此，在柱塞气举运行过程中，必须做好技术调参和装置维护工作，确保柱塞气举高效运行。本章结合柱塞气举现场实际应用大量案例经验，从技术设备安装、应用制度选择、调参管理、运行问题故障诊断处理等方面进行总结，形成有效管理经验。

第一节　柱塞气举设备安装

一、作业流程

1. 施工准备

（1）确保试验井油压传感器、套压传感器、流量计、远程传输等设备齐全完好。

（2）确保单井道路通畅，无外协问题。

（3）准备好井口流程恢复所需物资。

（4）钢丝作业车1辆、8t吊车一辆。

（5）柱塞、缓冲器、卡定器、防喷系统等部件。

（6）柱塞控制器、柱塞到达传感器、气源系统、捕捉器、供电系统等附件。

（7）柱塞气举井口配套装置（法兰、配套螺栓）。

2. 安装前准备

以卡定式坐落器为例：

（1）召开安全技术交底会，明确作业目的、程序，落实安全措施及人员分工。

（2）施工安全检查，填写安全检查表。

（3）施工设备检查，逐项检查绞车、钢丝、吊车、电子吊秤、防喷管、震击器、通井规、投放筒、盲锤、接箍挡环、缓冲器，确保设备和工器具处于良好状态。

（4）柱塞气举装置检查，检查柱塞气举各设备件数及质量，填写装置检测单。

（5）施工井检查，对采气树阀门及压力表等附件逐项进行检查，确认采气树阀门完好无泄漏，油压表和套压表指示准确。

3. 施工步骤

（1）按照要求停放作业车，布置警示带、警示牌，摆放安全设备。

（2）井口安装。

①检查测试阀门法兰螺纹是否与短节匹配。

②清洁螺纹，安装防喷管、滑轮。

（3）通井。

①打绳帽：钢丝从防喷管压盖（堵头）穿过后打钢丝绳帽，钢丝绳帽要求绕6圈以上，排列整齐、紧密，环子要大小合适，圆正无伤痕，工具悬吊在绳结上可左右自由转动。

②连接工具串：使用专用工具上紧加重杆及各螺纹连接部分防止退扣，通井工具串依次由钢丝绳帽、加重杆、通井规组成（根据油管直径选择合适的工具串）。

（4）下放工具串。

①将防喷管堵头离开绳帽5m以上，手抓住加重杆举起工具串，缓慢放入防喷管内，轻轻落在测试闸板上，上紧防喷管堵头，调整密封填料螺栓，将钢丝装入滑轮。

②测试队中间岗拉钢丝将工具串拉到防喷管顶部离开测试闸板，绞车岗摇紧多余钢丝，拉住刹把，钢丝对零。

③防喷管试压，当气井油压不大于10MPa时，可使防喷管充气至最高油压，试验10min；当油压大于10MPa时，以10MPa为一个压力等级进行分级试压，每个压力等级试压10min；试压时应缓慢操作井口阀，阀门开度不能超过1/3，做好试压记录。

④试压合格后缓慢打开测试阀，下放工具串。井口岗在防喷堵头上紧靠钢丝加注润滑油，调整密封填料螺栓使钢丝密封，滑动良好。绞车岗应控制好绞车，使钢丝工具串匀速平稳下放，中途严禁猛刹猛放，正常情况下放速度小于100m/min。在距离井下工具（节流器、安全接头、水力锚、封隔器等）100m时，下放速度应小于20m/min，若发现遇阻、遇卡现象，不可强行操作。

（5）取出工具串。

①通井完成后，井口岗在防喷管堵头上加注润滑油，调整密封填料螺栓使钢丝密封，滑动良好。上提时，井口岗要站在井口侧面地面上检查防喷管使用情况并处理井口出现的问题。

②绞车岗平稳上起工具串，速度小于100m/min，当工具串距井口200m时，速度降至50m/min，同时调节调压阀使滚筒扭力降到最小，深度显示50m时停车，拉住刹把，分离绞车。

③中间岗拽住钢丝，将工具串匀速、缓慢拉入防喷管内，井口岗确认听到金属撞击（钢丝绳帽顶到防喷管堵头）声后关闭测试阀。打开放空阀泄掉防喷管内压力，抓住钢丝缓慢下放使工具串轻轻落在测试闸板上，然后打开防喷管堵头取出工具串，并拆卸工具串。

（6）测试。

①打绳帽，钢丝从防喷管压盖（堵头）穿过后打钢丝绳帽，钢丝绳帽要求绕6圈

以上，排列整齐、紧密，环子要大小合适，圆正无伤痕，工具悬吊在绳结上可左右自由转动。

② 连接工具串，使用专用工具上紧加重杆及各螺纹连接部分防止退扣，测试工具串依次由钢丝绳帽、加重杆、压力计连接组成（根据油管直径选择合适的工具串）。

③ 下放工具串。

将防喷管堵头离开绳帽 5m 以上，手抓住加重杆举起工具串，缓慢放入防喷管内，轻轻落在测试闸板上，上紧防喷管堵头，调整密封填料螺栓，将钢丝装入滑轮。

测试队中间岗拉钢丝将工具串拉到防喷管顶部离开测试闸板，绞车岗摇紧多余钢丝，拉住刹把，钢丝对零。

井口岗缓慢转动测试阀开通一点立即停止，用天然气将防喷管内的空气置换完毕后关闭防喷管放空阀，给防喷管充压检查是否漏气。待防喷管内压力平衡后再继续打开测试阀，下放工具串。井口岗在防喷管堵头上紧靠钢丝加注润滑油，调整密封填料螺栓使钢丝密封，滑动良好。

绞车岗应控制好绞车，使钢丝工具串匀速平稳下放，中途严禁猛刹猛放，正常情况下放速度小于 80m/min。在距离测点 100m 处，速度应小于 50m/min，到达测点时拉住刹把，停放 10min。

④ 取出工具串。

测试完成后，井口岗在防喷管堵头上紧靠钢丝加注润滑油，调整密封填料螺栓使钢丝密封，滑动良好。上提时，井口岗要站在井口侧面地面上检查防喷管使用情况并处理井口出现的问题。

绞车岗平稳上起工具串，速度小于 100m/min，当工具串距井口 200m 时速度降至 50m/min，同时调节调压阀使滚筒扭力降到最小，深度显示 50m 时停车，拉住刹把，分离绞车。

中间岗拽住钢丝，将工具串匀速、缓慢拉入防喷管内，井口岗确认听到金属撞击（钢丝绳帽顶到放喷管堵头）声后关闭测试阀。打开放空阀门卸掉防喷管内压力，抓住钢丝缓慢下放使工具串轻轻落在测试闸板上，然后打开防喷管堵头取出工具串。

⑤ 井口岗拆下压力计读取数据，确认数据合格后卸掉防喷管、滑轮及封井器。

⑥ 卸开仪器，回收资料，资料审查合格后，注明标记，填好原始记录报表。

4. 注意事项

（1）现场的所有操作应在有关部门的配合下进行，严格按照 HSE 的规定，穿戴好劳动护具，遵守操作规程，确保人身和设备的安全。

（2）整个安装和调试阶段严格按照操作程序进行，应在现场技术人员的指导下操作，严禁冒险和盲目地进行操作。

（3）现场试验必须严格按照方案进行。

（4）距井口 100m 以内严禁烟火，搞好安全防火措施。

（5）记录好各项试验数据。

5. 应急措施

现场应当成立包括组长、副组长、组内成员等在内的应急小组。

（1）主要职责。

组长：全面负责应急抢险救援工作。

副组长：协助组长做好现场协调及安全管理工作。

组员：负责应急抢险各项措施的实施及联络工作。

（2）主要任务：

① 制订应急行动方案。

② 执行应急计划。

③ 负责抢险、疏散、救助及通信联络。

④ 检查应急设备、设施的安全性能及质量。

（3）应急范围：

① 各种意外事故伤害，包括火灾、交通伤害、机械伤害等。

② 急性中毒，包括饮食、饮水、硫化氢中毒等。

③ 自然灾害，包括沙尘暴、雷雨大风等。

④ 突发性疾病，包括心脑血管病、急腹症等。

二、井下工具投放

1. 检查和准备

（1）持有经过采气单位相关部门审批的施工方案，在作业区办理开工许可，并填写相关交接井单。

（2）施工作业人员持有效证件上岗。

（3）绞车、防喷管、防喷器等主要设备和工具经过定期检验，符合相关安全技术规范及标准的要求。

（4）配备符合相关安全技术规范及标准要求的应急和警戒物资。

（5）作业人员劳保齐全上岗。

（6）作业队伍进入井场后，应召开安全技术交底会，明确作业目的、程序，落实安全措施及人员分工。

（7）在采气树上风或侧风方向30m处树立紧急集合点指示牌，摆放应急物资至集合点指示牌处，并对完好有效性进行检查。

（8）试井车（绞车）停在采气树上风方向，用掩木固定试井车轮胎，将试井车和吊车接地。

（9）拉设警戒带将整个施工区域包围在内，正对紧急集合点方向留一个2m的出口，并在出口处摆放逃生指示牌。

（10）在现场显眼位置拉设风向标。

（11）在井场入口显眼位置摆放"禁止入内"警示牌。

（12）对采气树阀门及压力表等附件逐项进行检查，确认采气树阀门完好无泄漏，油压表和套压表指示准确。

（13）架设采气树操作平台。

（14）逐项检查绞车、钢丝、吊车、电子吊秤、防喷管、震击器、通井规、投放筒、盲锤、缓冲器，确保设备和工器具处于良好状态。

（15）对气井天然气硫化氢含量进行一次检测并记录。

2. 通井

（1）在采气树测试阀顶部安装转换接头或更换井口转换法兰。

（2）依次连接绳帽、加重杆、震击器、通井规，测量并记录防喷管及工具串的长度、通井规外径，防喷管长度应大于工具串长度，通井规最大外径根据油管尺寸，按照设计尺寸确定，将连接好的工具串放入防喷管内。

（3）用吊车依次将防喷器、防喷管与转换接头（法兰）进行连接，吊车起重钩与防喷管间须连接指重计，保持指重计拉力在防喷管重量的 70% 范围内，调整天滑轮绳槽对准试井车（绞车）钢丝出口。

（4）将钢丝收紧，以测试阀顶部为 0m 位置，对机械深度指示器和电子深度指示器校准归零。

（5）防喷管处加装压力表及放空旋塞阀，打开防喷管放空阀，检查防喷管上下两端的密封情况，密封合格后，缓慢打开测试阀。

（6）打开防喷管放空旋塞阀后，缓慢打开测试阀对防喷管内空气进行置换，对防喷管进行冲压。当气井油压低于 5MPa 时，直接冲压至最高压力，验漏 30min；油压介于 5～10MPa 时，分级试压验漏，试压分 5MPa 和最高压力两个等级，验漏时间分别为 10min 和 30min；油压介于 10～25MPa 时，分级试压验漏，试压分 5MPa、10MPa 和最高压力三个等级，验漏时间分别为 10min、10min 和 30min，防喷管试压验漏合格后，关闭放空阀。

（7）以不大于 50m/min 的速度、1/3 的钢丝破断张力均匀平稳下放通井工具串，通井至柱塞设计深度以下 10m 处，并在设计深度 10m 上下刮削 3 次，无卡阻现象为合格。

（8）以不大于 50m/min 的速度、1/3 的钢丝破断张力上提通井工具串，最后 30m 提升速度小于 15m/min，待工具串进入防喷管，确认深度计回零。

（9）通井过程中发生工具串遇阻，或其他影响施工的异常情况时，必须立即停止作业，并上报相关部门。

（10）关闭测试阀，泄压防喷管，拆卸、吊下防喷管和通井工具串。

（11）检查工具串表面有无明显划痕及泥沙、污物，并检查灵活性，清除表面污物。

（12）卸下通井规，填写相关施工记录。

3. 投放坐落器

（1）依次连接绳帽、加重杆、震击器、投放筒、坐落器，测量并记录防喷管及工具串的长度，防喷管长度应大于工具串长度，将连接好的工具串放入防喷管内。

（2）用吊车依次将防喷器、防喷管与转换接头（法兰）进行连接，吊车起重钩与防喷管间须连接指重计，保持指重计拉力在防喷管重量的70%范围内，调整天滑轮绳槽对准试井车（绞车）钢丝出口。

（3）将钢丝收紧，以测试阀顶部为0m位置，对机械深度指示器和电子深度指示器校准归零。

（4）打开防喷管放空阀，缓慢打开测试阀置换空气，置换完毕后关闭放空阀，检查防喷管上下两端的密封情况，密封合格后，全开测试阀。

（5）以不大于80m/min的速度、1/3以内的钢丝破断张力下放工具串，在到达坐落器设计位置以上20m处，分别记录工具串静止和下放悬重，然后以不大于20m/min的速度缓慢上提工具串，当张力明显大于正常通井工具串上提拉力时，判断为找到油管接箍，缓慢下放至遇阻后再次缓慢上提，确认位置，然后快速下击，剪切投放筒销钉（JDC）的同时，将接箍挡环的芯子下击至锁定位置。缓慢上提工具串，并观察指重仪显示，若上提20m指重由刚才的高于正常上提拉力恢复到正常值，表明投放成功。如果指重有较大增加，则表示未剪断投放筒销钉，重复缓慢上提、快速下击过程，直至投放成功。

（6）以不大于80m/min的速度、1/3的钢丝破断张力上提投放工具串，最后30m提升速度小于20m/min，待工具串进入防喷管，确认深度计回零。

（7）如出现影响施工的异常情况时，必须立即停止作业，并上报相关部门。

（8）关闭测试阀，防喷管泄压，拆卸、吊下防喷管和解卡工具串。

（9）拆卸解卡工具串，填写相关施工记录，清理作业现场。

三、井口装置安装与流程恢复

1. 井口流程恢复

如图5-1-1所示，将柱塞气举防喷系统装置连接到采气树上，对柱塞气举生产流程进行改造，增加柱塞气举生产流程，柱塞生产流程连接柱塞防喷管，由柱塞控制阀门控制生产流程开关，流程恢复后对密封性进行检测，流程无渗无漏。

2. 控制装置、气源管线安装

如图5-1-2所示，井口流程连接完毕后，连接气源管线，一头连接至套管取压接头，一头连接至气动薄膜阀，之后再安装远程控制系统（图5-1-2）。

四、投运与参数调试

1. 投放柱塞

初次投放柱塞时，必须确认柱塞能够在井口上下通畅运行。方法是柱塞下落30s左右控制针阀开井，把柱塞吹至井口，重复三次。

柱塞气举调参运行前需要对运行的柱塞投放情况进行检查，一般情况是装置安装完成、流程恢复后，对生产流程进行检查，确保流程正确下先不投放柱塞，在确定运行柱塞气举排液前投放柱塞。

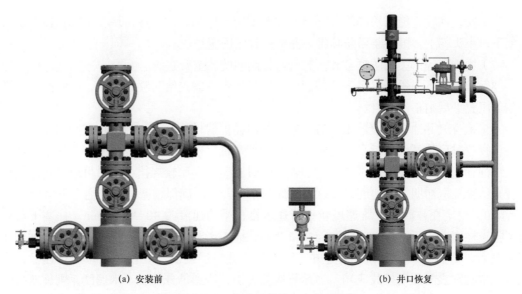

(a) 安装前   (b) 井口恢复

图 5-1-1 柱塞气举井口安装示意图

(a) 控制系统安装井口管线及数据转发装置   (b) 控制器安装方式

图 5-1-2 控制系统安装示意图

柱塞投放时常用的方法是通过井口捕捉器进行投放，过程如下：

（1）先检查该井工艺设计确定的适合柱塞类型、结构和尺寸，保证柱塞干净。

（2）检查气井生产流程，要求防喷管下部主通径阀门全部关闭，下游薄膜阀处于长关状态，针阀关闭，泄压阀为常开状态。

（3）通过防喷管旋塞阀对防喷管进行泄压，当压力指示常压后放空阀保持开启状态。

（4）打开柱塞气举防喷管顶部防喷帽，取出缓冲弹簧和撞击块。

（5）采用柱塞取捞专用工具将柱塞送放至捕捉器位置，注意观察井口柱塞到达撞击块和缓冲弹簧的安装，捕捉器需要卡定柱塞上部位置，如果为柱状柱塞，则卡定在最顶部的密封槽内；柱塞取捞工具为强磁或专有机械结构，现场应用强磁结构较多。

（6）安装回柱塞撞击块和缓冲弹簧，注意安装顺序和方向，撞击块在下部，撞击块大头朝下、小头朝上，再安装回防喷帽，完成后拧紧固定顶丝。

（7）检查流程，关闭防喷管和薄膜阀与针阀间的放空旋塞阀。

（8）从上至下慢慢开启主通径阀门，开启过程中考虑先给防喷管充压，初始阀门要慢开，等压充平后则正常开启。

（9）检查气井油套压显示正常后，通过拧回捕捉器投放柱塞，柱塞在重力作用下落入井底，投放时可将耳朵贴近采气树听取柱塞下落声音，柱塞下落过程中会与采气树、油管接箍或油管壁产生碰撞，特别是经过油管接箍时碰撞声音比较规律，有时可通过碰撞接箍声音来估算柱塞初期下落速度，注意要使阀门全部开启，确保柱塞能够畅通上下运行。

（10）柱塞在井筒中下落速度较上行速度慢，平均速度为 40～70m/min，柱塞下落后为了检查柱塞下落正常性，除听取与井口及油管撞击声音外，还需要根据柱塞运行到达速度来判断，即柱塞下落 30min 后开井，柱塞到达井口后控制器会记录柱塞运行速度，当速度正常时则表明柱塞投放成功。当运行速度过快，达到每分钟上千米速度，则柱塞可能在井筒中遇阻，未落入井底，可进行多次测试分析。需要注意的是，刚投放柱塞后直接开井是不正确的，这时柱塞未落入井底，开井后柱塞开始上升，会快速到达井口，这时柱塞到达传感器会计算出错误的柱塞速度，控制器会因为错误的速度误判为危险到达而停止运行。当出现这种误判危险到达后，需要在控制器上消除危险到达后再次运行，运行时注意柱塞下落时间。当因柱塞停留在井口无法下落，或者由于时间紧急测试下落时间短时，开井会导致危险速度到达，需要继续进行测试时，可以将危险速度运行时间设定为零，这时将不会产生危险到达情况，柱塞投放完成后，恢复危险速度检测装置。

此外，有时为了简化柱塞投放过程，在安装柱塞气举防喷管之前，在地面先将柱塞固定于捕捉器位置，连带防喷管整体安装到位，需要运行柱塞时则节省了前面防喷管泄压、捕捉器卡定柱塞过程，在确认柱塞上下阀门流程全部开启状态下，直接通过捕捉器投放柱塞。

2. 运行参数调试

在满足开井条件的情况下，柱塞落入井底，关闭生产闸阀，通过气动薄膜阀生产，载荷系数小于 0.5 时执行开井指令，之后远程控制进行初次调参。

第二节 柱塞气举技术管理及维护

一、柱塞气举运行管理

1. 柱塞气举控制调参准备

柱塞气举调参时，需要先将能够用于指导制度运行的重要参数及影响原理理解清楚，不同气田气井生产模式柱塞调参数据不能全部包含，具体应用时还需针对气井确认所具有的参数，根据已有数据进行优化分析和运行管理。

　　用于分析柱塞气举控制调参及故障诊断的参数包括气井油套压、管输压力、气井深度、柱塞速度、载荷系数、气井产量（气、液）、气嘴（节流针阀）、气井增压等。

　　在分析各参数对柱塞气举影响前，还需要掌握柱塞气举运行曲线规律图，考虑柱塞气举技术在长庆气田应用的广泛性，以该气田柱塞气举运行典型曲线进行说明，图5-2-1为柱塞运行正常时标准曲线，分为开关井状态、柱塞举液到达状态和油套压曲线，该曲线数据一般为每分钟记录一组数据而生成，能够准确分析柱塞举液过程。

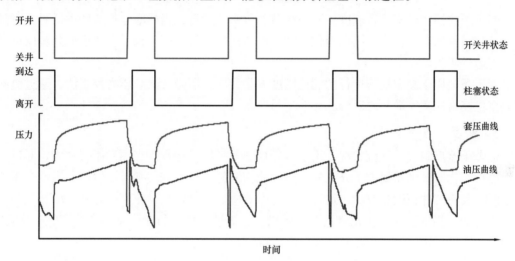

图 5-2-1　正常运行柱塞气举特征曲线

　　柱塞气举正常举液运行时，油压曲线上有排液特征且油套压差较小，柱塞到达传感器能够监测到柱塞到达井口。

　　柱塞气举影响参数如下：

　　1）油压

　　油压是气井生产重要参数，关井时能够反映气井能量恢复状况和积液定性分析，关井后油压能够上升，且上升速度表明气井能量供给情况，恢复速度越快，气井地层能量越充足，同时井筒积液量越少，相反则表示地层能量供给差；关井后油压不变，有可能气井积液严重，地层能量无法释放，与套压结合，采用油套压差进行积液状况定性分析，油套压差可计算油管较套管液柱高度差，液柱高度差越高，积液越严重，实现对积液差定量化分析。

　　柱塞气举开井时，油压能够反映柱塞气举排液状况，开井后柱塞举液到达井口，油压开始减小，当柱塞将积液排出地面后，油压会出现上升然后下降特征，该状态为柱塞排液过程，可用于分析柱塞排液状况，当柱塞到达传感器无法监测柱塞到达或到达传感器故障，油压曲线对柱塞气举运行起到重要指导作用。

　　此外，柱塞气举运行过程中油压还可用于判识气井生产流程及控制阀门状态。气井柱塞气举中，当执行关井时，正常情况下油压会上升，如果出现油压不上升或下降状态，则表明柱塞气举生产流程错误或控制阀门内漏；当执行开井时，正常情况下，油压会下降或出现排液状态，如果开井后油压不变，则表明下游阀门长关、冻堵或安全截断阀起跳。

2）套压

套压在柱塞气举技术中具有非常重要的作用，针对油套环空且环空解封连通气井，油套环空里面储集的气体压力是柱塞排液过程中重要的能量动力来源，套压高低决定着柱塞举液周期的频率和柱塞气举的成败。如果井开得太快，套压没有恢复到满足举升的压力，开井后柱塞将不能使液柱到达地面，柱塞举液失败，气井下个周期将承受更大的液体载荷。

套压能够控制柱塞运行速度，实现柱塞高效密封运行，当柱塞运行速度过低时，可延长关井时间增加套压，下个周期运行时则可提高柱塞运行速度；相反，减小关井套压可降低柱塞运行速度。

套压还被用于制定柱塞运行的优化制度方法，即套压微升法和压力控制法，通过监测压力变化控制柱塞气举井的运行。

3）油套压差

油套压差反映气井积液状况，用于指导柱塞气举技术运行。当油套压差过大，通过关井无缩小变化时，则需要人工介入先排除井筒积液再运行柱塞气举排液生产；当油套压差较小时，表明气井积液量较少，运行柱塞生产效率低，可延长续流生产时间，增加气井有效生产时间；当油套压差由正常情况开始增大，表明目前运行制度不适合柱塞气举运行，需要对制度进行优化，实现柱塞举液稳定运行。

4）输压

输压是油管阀门打开时下游压力，也称为回压，是在柱塞运行中阻碍柱塞上行的一个重要考虑参数，输压越高，对柱塞上升过程中产生的阻力越大，这时就需要更高的套压和地层供给来克服回压实现排液。

压缩机启停会影响输压变化，运行压缩机时气井回压会减小，压缩机停运或故障时回压会升高。因此在柱塞运行中，需要根据压缩机启停对柱塞运行制度做及时调整，确保柱塞气举稳定排液运行。

5）载荷系数

载荷系数是反映油气井能量能否满足柱塞气举运行要求的参数，其值为关井套压和关井油压的差值与关井套压和井口节流后压力差值的比值，是柱塞气举运行中的一个重要的指导参数，用于判断气井能否满足举液开井条件，能够有效提高气井柱塞举液运行成功率，其值按照式（5-2-1）进行计算。

$$Z = \frac{p_c - p_t}{p_c - p_l} \qquad (5-2-1)$$

式中　　Z——载荷系数；

p_c——关井套压，MPa；

p_t——关井油压，MPa；

p_l——井口节流后压力，MPa。

载荷系数中，关井油套压差反映了气井积液量情况，关井套压与管线压差反映了举升积液具有的动力，载荷系数反映了举液阻力与动力的比值，值越小反映举升能量越充足。

利用载荷系数判断开井的条件为载荷系数小于 0.5。载荷系数满足这个条件下，判断气井能够满足举升积液条件，但在气井实际运行中，载荷系数满足小于 0.5 条件时不能完全满足举液要求，这时就需要对载荷系数进行相应的优化，使气井具备更充足举升能量来实现有效排液。

载荷系数小于 0.5 时开井，载荷系数越小，举升能量越充足，但不是越小就越好。载荷系数减小最常用的方法是通过关井来实现，随着关井时间增长，套压升高，油套压差减小，载荷系数减小，但追求过小的载荷系数则需要关井时间更长，此时气井生产效率会降低。

如果通过关井气井载荷系数无法减小，则需要对气井进行人工分析，可能是由于积液严重，需要采取气举等人工措施排除积液，其他原因则需要人工排除。

载荷系数判断气井开井条件应用实例：

已知气井柱塞气举生产中关井套压 p_c 为 4.15MPa，关井油压 p_t 为 2.45MPa；井口节流后输气压力 p_l 为 1.15MPa，按式（5-2-2）计算载荷系数：

$$Z = \frac{4.15 - 2.45}{4.15 - 1.15} = 0.57 \qquad （5-2-2）$$

气井此时载荷系数大于 0.5，不满足开井条件，如果开井会出现举液失效情况发生，需要继续关井等待气井能量恢复到开井条件。

继续关井一段时间后，气井套压 p_c 恢复为 4.55MPa，关井油压 p_t 为 3.45MPa，井口节流后压力 p_l 为 1.15MPa，按式（5-2-3）计算载荷系数：

$$Z = \frac{4.55 - 3.45}{4.55 - 1.15} = 0.32 \qquad （5-2-3）$$

气井此刻载荷系数小于 0.5，具备开井条件，在此条件下可以启动柱塞气举。

6）柱塞运行速度

柱塞运行速度为柱塞从井底上行到防喷管顶部时的平均速度，计算过程是气井开井后由井口到达传感器监测到柱塞到达后运行时间，再根据气井深度（为柱塞限位器安装位置深度）与运行时间来计算，柱塞上行平均速度计算见式（5-2-4）。

$$v_r = H_z / t_{up} \qquad （5-2-4）$$

式中　v_r——柱塞上行速度，m/min；

　　　　H_z——井下限位器安装深度，m；

　　　　t_{up}——开井后柱塞由井底到达防喷管的时长，min。

柱塞运行速度能够反映举液密封性能，应用经验认为柱塞运行密封最佳速度一般为 220m/min。当速度为 100～300m/min 时密封效果满足运行要求；当速度过慢时，则举液过程漏失会增大，对排液不利，需要对制度进行优化。

柱塞运行速度用于判断柱塞撞击井口防喷装置的安全性，应用时会设置危险速度，当柱塞运行达到危险速度后，柱塞气举控制系统会执行危险停止运行，需要人工检查后消除危险后才能继续执行；考虑过快到达危险性，增加过快撞击判识次数，当达到过快速度次数后与危险速度相同，执行停止命令，需要解除危险后运行。

柱塞速度也被用于制定柱塞运行的优化制度方法，即柱塞运行速度优化法，主要考虑柱塞最佳密封效率，将柱塞优化到最佳运行速度范围内运行。

7）产量

产量包括产气量和产液量，是柱塞气举运行的目标参数，柱塞气举最终是要将储层中气体产出，提高气井最终采收率。可用产气量、产液量增加或稳定来评价运行柱塞气举运行效果。

柱塞气举运行过程中产气量、产液量能够反映柱塞排液效果，在柱塞排液初期，柱塞运行时，气井产液量会增加，产气量变化不明显，随着井筒及近井筒储层积液被排除，产气量会增加。

8）节流嘴、针阀

柱塞气举生产中，气井控制产量的节流嘴（针阀）对柱塞举液到达具有重要影响作用，节流嘴的存在限制了开井时气井流量，会增加柱塞举升回压，节流嘴越小，产生的回压就越高，对柱塞举液越不利，但嘴子过小会引起柱塞举液失效。因此，当有井口节流嘴或针阀控制的气井，在柱塞气举运行中要尽量保证较大节流嘴（针阀开度）运行。

2. 柱塞气举控制方法

柱塞气举运行过程分为开井、关井、续流，根据不同井况，常用的控制方法有 4 种：定时、定压开井原理简单，易于操作，但工作量大；压力微升、时间优化控制方法控制复杂，但可根据气井能量变化自动优化，可减少调参工作量。4 种运行控制模式的特点见表 5-2-1。

表 5-2-1　柱塞气举控制方法

序号	常用的控制方法	控制方法特点
1	定时模式	控制参数少、控制简单，调参工作量大
2	定压模式	控制简单
3	压力微升模式	保证柱塞举升能量，可自动优化
4	时间优化模式	控制精细，可自动优化

4 种主要控制方法介绍如下：

1）定时定压控制模式

定时开关井模式，是以气井运行参数的综合分析为基础，人为设置开关井的时间周期，柱塞气举控制器依照这个时间周期定时开关井。

定压力控制模式，根据设定开井压力判断气井开井，能够保证柱塞气举充足的举升能量。关井判断条件依据压力微升方式，柱塞运行过程中，先判断气井套压最小压力值，设定压力微升量，达到最小压力后且判断不是波动点，之后再上升设定压力微升值后，判断气井关井。控制过程中，如果没有达到判断条件，则根据设定的最大关井时间、最大开井时间来作为判断开井和关井的条件。定压力控制模式，设置简单，适用于气井压力恢复快的气井。

2）速度或时间优化模式

以柱塞运行最佳速度计算出柱塞到达井口的理想时间为依据，自动优化调整柱塞运行制度。

时间优化模式是基于举液过程中，举液最小漏失量为依据实现优化。柱塞在最佳运行速度运行时，其举升液体的漏失量最小。根据气井井深和最佳运行速度计算出柱塞最佳上升时间，该时间为目标上升时间。当柱塞早于目标上升时间到达时，称为过快到达，漏失量过大，如图 5-2-2 所示。柱塞的实际上升时间过短，说明地层能量过于充足，柱塞气举控制器将通过延长续流时间和缩短关井时间，降低下个周期的柱塞上升速度，使其达到最优。

$$t_{续}=t_1+\Delta t_1 \tag{5-2-5}$$

$$t_{关}=t_2-\Delta t_2 \tag{5-2-6}$$

式中　$t_{续}$——续流时间，min；

　　　t_1——上个周期续流时间，min；

　　　Δt_1——过快到达延长续流时间，min；

　　　$t_{关}$——关井时间，min；

　　　t_2——上个周期关井时间，min；

　　　Δt_2——过快到达缩短关井时间，min。

当柱塞晚于目标上升时间到达时，称为过慢到达，如图 5-2-3 所示。柱塞的实际上升时间过慢，说明地层能量不足，柱塞气举控制器将通过缩短续流时间和延长关井时间，提高下个周期的柱塞上升速度，使其达到最优。

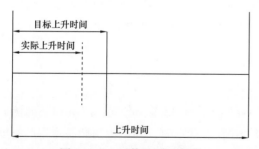

图 5-2-2　过快达到示意图

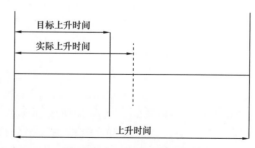

图 5-2-3　过慢达到示意图

续流和关井时间计算公式如下：

$$t_{续}=t_1-\Delta t_1 \tag{5-2-7}$$

$$t_{关} = t_2 + \Delta t_2 \qquad (5-2-8)$$

柱塞实际上升时间在正常的目标时间范围内，为正常到达。此时的柱塞上升时间合理，开井、关井时间不需调整。

当柱塞未能到达时，说明地层能量严重不足。柱塞气举控制器将关闭气井，进一步储存地层能量，待其达到一定值时，重新开井。根据柱塞气举时间优化模式控制原理，设计模式算法如图5-2-4所示。

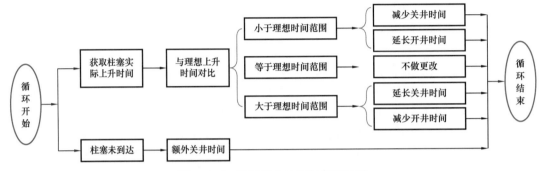

图 5-2-4　速度优化柱塞气举过程图

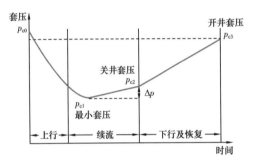

图 5-2-5　压力微升优化模式原理

3）压力微升优化模式

压力微升优化模式是基于柱塞最佳举液量实现排水采气优化，柱塞气举中，举液量过大，气井能量不足，无法实现举液；举液量小，柱塞空跑，排液效率低。

气井生产中，油套压差反映了井筒积液量，通过设置合适的油套压差实现开关井，达到柱塞最佳运行状态。根据柱塞气举压力微升优化控制原理，设计模式算法如图5-2-5所示。

当套压达到设定的开井压力后，柱塞气举控制器执行开井操作。随着开井过程的持续，油管内也将开始新一轮的积液。此时套压将停止下降并开始细微回升。在该模式下，柱塞控制器将密切关注这个细微的套压回升幅度值。当这个细微的回升幅度超过该模式下设置的压力微升值时，柱塞控制器关闭气井，直至下一个生产周期再次开井。

3. 柱塞气举调参

1）初期调试

在设定运行制度前，先需要通过柱塞气举前期生产油套压、产气、产液和液面测试等数据判识气井积液状况和产气能力。当判识气井积液严重时，则运行初期制定生产制度应偏保守，以排除气井井筒及近井储层积液为目的，后期再转入制度优化；当气井积液较少、产能较好时，则可制定初期制度摸索出生产规律后，再直接进行制度的优化。

在设定制度后，开井前必须让井的载荷系数达到开井条件后再执行开井，当气井有积液时，不能让井续流生产时间过长，虽然续流生产时产出更多天然气，但同时使气井的能量释放更多，下个周期运行时载荷系数恢复时间会加长，甚至由于积液过多而难以恢复，使气井再次水淹，最好的做法是柱塞举液到达后立即执行关井，以保持气井能量快速恢复，实现对下个周期积液排水，柱塞气举稳定排液运行，这样可保持气井排出更多的积液。

有时，为了形成更高的柱塞举升压力差，实现更低油管或地面压力，在柱塞最初循环举升时把油管中液体之上的气放掉，如果这样还不可行，应将尽最大努力降低管线压力。

2）定时开关井制度确定

对于积液较少、能量充足气井，初期不需要排除井筒和近井储层中积液，可根据气井生产曲线来设定合理的运行制度，参考图 5-2-6 所示，对制度设置过程进行详细说明。

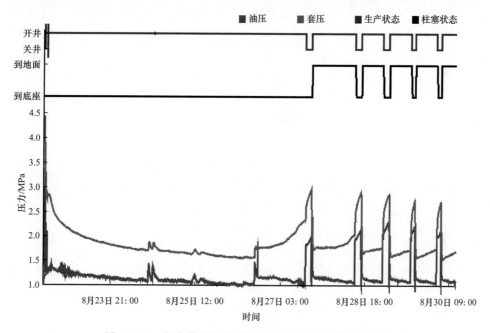

图 5-2-6　新安装柱塞气举井定时开关井制度设置过程

（1）首先采用柱塞控制器将运行模式设置为常开模式状态，保持气井连续开井生产。

（2）柱塞初次举液到达地面后，保持气井继续常开生产并实时观察气井套压变化，当套压有升高趋势时执行关井，这时气井开井生产的时间就作为该井柱塞运行制度的开井时间。

（3）关井后开始监测气井载荷系数，当达到开井载荷系数条件（一般取 0.4~0.5）时，确定该关井时间为气井关井时间。

（4）这时将柱塞气举控制模式调整为定时开关井模式，开井时间和关井时间设定为上面确定的运行时间。

（5）根据设定制度运行柱塞气举，还需连续跟踪 3~5 个柱塞气举运行周期，分析运行曲线，当气井运行曲线套压提前升高，或在关井时套压升高值偏大，则需要缩短开井时间，取套压升高值的时间点为开井时间；同样，关井时间内载荷系数高于0.5时，需延长关井时间到载荷系数值满足开井条件时的时间。

（6）按照优化后的柱塞气举制度运行，定期对运行状况进行查看，出现异常时及时进行优化。

3）柱塞气举技术优化

（1）优化原则。

柱塞气举技术优化目标是实现气井稳定生产，使气井能够达到最佳产气量和产液量。

根据气井生产规律，判识气井最优化的生产状态，保证气井井筒积液最少，井底生产流压最低，这时对地层产生回压就越小，则气井生产越稳定，且产量保持最好。

如何保持井筒积液量最少，就要保证合理的柱塞气举运行周期，当井底出现积液时，柱塞就发挥作用，把积液排出，当无积液时就保持续流生产，柱塞周期性运行排出井筒积液，保证气井高效生产。

（2）柱塞最佳运行状态判断。

柱塞气举运行状态可根据套压、油套压差、运行曲线和柱塞上升速度来判断。正常运行时：

① 套压维持在较低水平，代表着较低的井底压力，同时也反映着较大的产气量；

② 生产曲线平稳、规律，油压曲线有反映柱塞到达的曲折点；

③ 柱塞到达且速度规律，最佳运行速度为230m/min，在100～300m/min之间可正常运行。若柱塞速度超过300m/min时，将严重增加柱塞的磨损，浪费能量；运行速度低于100m/min时，会造成气体滑脱通过柱塞和液面，降低举液效率。

调试过程中，当实际运行速度大于最佳运行速度时，需增加开井时间，缩短关井时间；当实际运行速度小于该值时，需缩短开井时间、增加关井时间。

柱塞运行速度受套压恢复和举升液体段塞大小影响，当柱塞密封好时，柱塞会运行得慢一些。

（3）优化。

当气井排液稳定后，这时可根据气井生产情况进行柱塞周期优化。优化时第一步先确定套管工作压力，在柱塞气举每个周期之后，采用逐渐降低地面套压的方式，初期每次降低0.1～0.2MPa，然后让柱塞在下一次降低压力之前循环4～5次，在每次增加套压之前，记录下柱塞运行时间，确保柱塞平均速度在230m/min附近。

如果柱塞速度下降到230m/min之下，稍微增加套管工作压力，记录下柱塞几个周期的运行时间，直到柱塞速度稳定在最小值附近。另外，如果柱塞速度在300m/min之上，在柱塞到达地面后使气井续流时间加长，使每个举升周期生产更多天然气；当套压在柱塞运行了几次后，稳定在期望的工作参数之内，说明井在新的套管工作压力下运行稳定。

上述优化是以人工调参为主，现在许多工作都是用计算机直接分析优化，这些过程可用于进行控制过程理解。

气井续流生产的优化是通过持续地小幅度地延长气体流动时间来实现的，同时记录下柱塞运行时间，优化过程需几天的时间来完成，每次改变后，让气井达到稳定。当柱塞续流时间延长时，柱塞运行速度将减少，一旦柱塞的运行速度接近 230m/min 时，确定续流生产时间达到优化条件。续流生产时间优化后，需定期观察平均地层压力变化，随着生产进行，平均地层压力会变小，根据地层压力减小情况对制度进行适当调整。

柱塞气举续流的监测仅用于柱塞运行循环周期统计，没有优化生产气量。例如，续流过程中井筒中产生较大液柱，这时将需要较大的套管恢复压力才能把柱塞和液体以 230m/min 的速度举到地面，将对地层产生较高回压，储层与井筒生产压差变小，产量随之降低。

如果续流生产阶段在油管中积液高度较小，只需较低的套压就可以将柱塞和液柱以 230m/min 的平均上升速度举到地面，这将对储层产生一个较小的回压，产量会更高。

原理过程如图 5-2-7 所示。

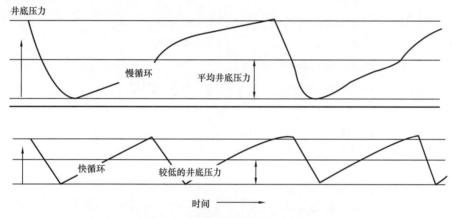

图 5-2-7　续流生产与气井压力关系

因此，柱塞气举运行过程中，选择更快的循环周期、更小的液柱，气井平均流压会变小。

柱塞气举系统合理运行，气井稳定工作后，为了保证气举长期稳定生产，需要进行定期监测。当气井生产发生改变后，气举系统的工作状况会随之改变，需要及时对运行制度做出调整。

4）优化制度应用

（1）优化制度选择。

柱塞气举生产稳定后，对气井生产油套压、运行速度（或时间）有了准确认识，这时就可根据气井特征选择不同的优化制度，实现柱塞气举高效运行。

根据柱塞气举实际应用，选择的控制模式有压力微升和速度（时间）优化控制模式，随着技术发展出现了智能优化控制方法。

压力微升控制模式采用套压变化实现对气井的控制，特别是执行关井的参数为生产过程中套压升高压差变化值，要求非常精确，如果气井缺少该特征，将出现无效的参数设置控制，因此，必须清楚套压的变化特征，适用于压力恢复速度大于 0.5MPa/h 的柱塞气井。

速度优化模式依据柱塞上升速度判断举液密封效果，对开关井时间进行优化，在分析过程中要能够获得柱塞运行速度，柱塞运行速度是由井口到达传感器监测柱塞到达后，根据运行时间和井深获得，当气井能量不足或到达传感器故障时将无法获得柱塞运行速度。

因此，对于速度优化模式，适用于柱塞到达传感器监测柱塞到达率大于 90% 的柱塞气井。

（2）应用实例。

① 压力微升控制。

参数设定如图 5-2-8 所示，压力微升模式设定参数较多，包括生产安全控制参数、生产制度基本参数和压力优化模式扩展参数 3 类 11 个参数，压力优化模式设定前，需要对气井生产状况有着准确认识。

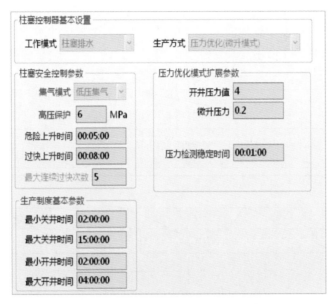

图 5-2-8　柱塞井压力微升模式设定参数

以苏 × 井为例进行设定说明，该井为苏里格气田低压集输模式气井，需要考虑地面管线超压保护，设定高压保护压力为 6MPa，考虑柱塞运行速度过快对地面装置造成损坏，设定危险速度运行时间为 5min，当达到危险速度后，将执行保护，柱塞气举停止运行，需要人工落实消除危险速度信息后，柱塞气举恢复正常，过快上升时间为 8min，连续过快次数为 5 次，当连续 5 次达到过快速度时间后，将执行和危险速度相同的保护功能。

根据对气井生产状况的掌握，该井设定开井压力为 4MPa，关井套压微升值为 0.2MPa，同时考虑设定压力准确性，滤除波动影响，增加设定参数检测时间，本次参数监测稳定时间为 1min。该井当关井压力恢复到 4MPa，且持续时间达到 1min 时，将会执行开井，4MPa 压力代表气井恢复能量至 4MPa；开井后套压升高 0.2MPa，且持续时间为 1min 时，则执行关井命令，0.2MPa 表明气井开始出现 0.2MPa 积液。

考虑到当设定参数不科学或者气井出现特殊状况，无法达到设定开井参数时，为了保证气井能够继续执行开关井制度，因此增加了生产制度执行保障参数，包括最小关井时间、最大关井时间、最小开井时间和最大开井时间，设定参数如图 5-2-8 所示，使柱塞气举优化制度科学运行。

运行参数设定完成后，开始执行优化制度，检测优化制度运行效果。该井压力微升优化运行制度及运行曲线如图 5-2-9 和图 5-2-10 所示。

开井时刻	开井套压	开井油压	上行时间	续流时间	关井时刻	关井套压	关井油压	生产时间	关井时间	生产周期	悬停时间	柱塞速度
2015年5月29日 1:37:14	5.414	3.393	2:00:00	0:00:00	2015年5月29日 3:37:14	4.993	2.817	2:00:00	6:00:00	8:00:00	0:00:00	0
2015年5月29日 9:37:14	5.428	3.404	2:00:00	0:00:00	2015年5月29日 11:37:14	4.973	2.784	2:00:00	6:00:00	8:00:00	0:00:00	0
2015年5月31日 9:44:11	5.945	3.298	0:22:19	1:37:41	2015年5月31日 11:44:11	3.483	2.722	2:00:00	1.22:06:03	5:53:47	0:30:37	44.8
2015年5月31日 19:44:11	5.27	4.909	0:13:16	1:46:44	2015年5月31日 21:44:11	3.382	2.541	2:00:00	6:00:00	10:00:00	0:00:00	75.4
2015年6月1日 5:44:11	5.027	4.487	0:14:07	1:45:53	2015年6月1日 7:44:11	3.328	2.459	2:00:				70.8
2015年6月1日 15:44:11	4.887				:44:11	3.423	2.631	2:00:				38.6
2015年6月2日 1:44:11	4.808				:44:11	3.446	2.633	2:00:00	8:00:00	10:00:00	0:15:54	60.2
2015年6月2日 11:44:11	4.761	4.281	0:21:18	1:38:42	2015年6月2日 13:44:11	3.423	2.656	2:00:00	8:00:00	10:00:00	0:12:37	46.9
2015年6月2日 21:44:11	4.711	4.269	0:23:50	1:36:10	2015年6月2日 23:44:11	3.302	2.627	2:00:00	8:00:00	10:00:00	0:10:57	42
2015年6月3日 9:40:49	4.751	4.47	0:14:05	2:18:15	2015年6月3日 12:13:04	3.499	2.671	2:32:20	9:56:33	12:28:53	0:26:07	230.8
2015年6月3日 21:15:29	4.751	4.179	0:29:46	2:00:54	2015年6月3日 23:46:09	3.312	2.712	2:30:40	9:02:25	11:33:05	0:12:29	109.2
2015年6月4日 9:46:00	4.687	4.445	0:14:49	1:15:36	2015年6月4日 11:16:34	3.31	2.682	1:30:25	10:00:00	11:30:25	0:12:35	219.3
2015年6月4日 21:16:31	4.706	4.492	0:11:07	1:18:53	2015年6月4日 22:46:34	3.394	2.581	1:30:00	10:00:00	11:30:00	0:14:41	292.4
2015年6月5日 9:18:49	4.751	4.39	0:12:49	1:48:01	2015年6月5日 11:19:39	3.387	2.553	2:00:50	10:32:15	12:33:05	0:16:55	253.6
2015年6月5日 22:28:44	4.751	4.337	0:10:07	1:58:33	2015年6月6日 0:37:24	3.48	2.427	2:08:40	11:09:05	13:17:45	0:00:00	321.3
2015年6月6日 11:22:09	4.751	4.144	0:24:30	2:32:45	2015年6月6日 14:19:24	3.372	2.493	2:57:15	10:44:45	13:42:00	0:14:00	132.7
2015年6月7日 2:44:39	4.751	4.367	0:17:22	2:25:23	2015年6月6日 5:27:24	3.423	2.635	2:42:45	12:25:15	15:08:00	0:13:07	187.1
2015年6月7日 17:35:44	4.751	4.464	0:13:35	3:25:25	2015年6月7日 21:14:44	3.563	2.684	3:39:00	12:08:20	15:47:20	0:11:03	239.3
2015年6月8日 9:10:34	4.751	4.338	4:00:00	0:00:00	2015年6月8日 13:10:34	4.884	4.635	4:00:00	11:55:50	15:55:50	0:00:00	0
2015年6月8日 15:10:34	4.938	4.781	4:00:00	0:00:00	2015年6月8日 19:10:34	5.034	5.034	4:00:00	2:00:00	6:00:00	0:00:00	0
2015年6月8日 21:10:34	5.096	5.092	4:00:00	0:00:00	2015年6月9日 1:10:34	5.2	5.195	4:00:00	2:00:00	6:00:00	0:00:00	0
2015年6月9日 3:10:34	5.241	5.236	4:00:00	0:00:00	2015年6月9日 7:10:34	5.321	5.315	4:00:00	2:00:00	6:00:00	0:00:00	0
2015年6月9日 9:10:34	5.355	5.352	4:00:00	0:00:00	2015年6月9日 13:10:34	5.422	5.416	4:00:00	2:00:00	6:00:00	0:00:00	0
2015年6月9日 15:10:34	5.453	5.447	4:00:00	0:00:00	2015年6月9日 19:10:34	5.5	5.5	4:00:00	2:00:00	6:00:00	0:00:00	0
2015年6月9日 21:10:34	5.529	5.522	4:00:00	0:00:00	2015年6月10日 1:10:34	5.578	5.57	4:00:00	2:00:00	6:00:00	0:00:00	0
2015年6月10日 3:10:34	5.6	5.594	4:00:00	0:00:00	2015年6月10日 7:10:34	5.642	5.634	4:00:00	2:00:00	6:00:00	0:00:00	0
2015年6月10日 9:10:34	5.663	5.655	1:48:31	1:24:14	2015年6月10日 12:23:19	3.018	2.495	3:12:45	2:00:00	5:12:45	0:32:23	29.9
2015年6月10日 18:26:44	4.752	4.635	0:12:14	2:22:21	2015年6月10日 21:01:19	3.438	2.58	2:34:36	6:03:26	8:38:00	0:21:25	265.7
2015年6月11日 5:00:34	4.751	4.17	0:23:15	2:20:00	2015年6月11日 7:43:49	3.324	2.502	2:43:15	7:59:15	10:42:30	0:16:18	139.8
2015年6月11日 17:54:44	4.752	4.386	0:14:04	3:05:56	2015年6月11日 21:14:44	3.507	2.617	3:20:00	10:10:55	13:30:55	0:14:03	231
2015年6月12日 7:37:51	4.751	4.254	0:19:56	2:09:29	2015年6月12日 10:07:19	3.319	2.564	2:29:25	10:23:10	12:52:35	0:15:23	163

开井套压：4.75MPa 生产时间自动优化

图 5-2-9 柱塞井压力微升模式运行情况

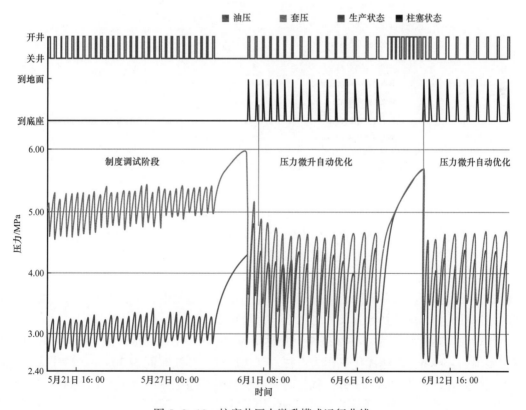

图 5-2-10 柱塞井压力微升模式运行曲线

由图 5-2-9 和图 5-2-10 可见，该井执行压力微升优化模式后，气井生产状况得到明显改善，最明显的是气井油套压差由 2.1MPa 缩小为 0.5MPa，气井积液被柱塞彻底排除，同时柱塞监测传感器能够监测到柱塞到达信息，具有柱塞运行速度，统计平均运行速度 210m/min，非常接近柱塞最佳运行速度，证明了压力微升优化模式应用效果良好。

后期压力优化模式的应用可参考本例井进行设置。

② 时间优化控制。

参数设定如图 5-2-11 所示，与压力优化模式相对比，时间优化模式设定参数更多，达到 20 个设定参数，因此时间优化模式设定前，需要对气井生产状况掌握更清楚。

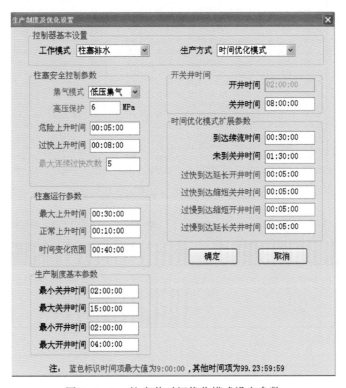

图 5-2-11　柱塞井时间优化模式设定参数

以苏 × 井为例对时间优化模式应用进行说明，该井同样为苏里格气田低压集输模式气井，安全参数个数及设置过程与压力微升模式相同，参考压力微升模式案例进行理解。

生产制度基本参数与压力微升模式也相同，用于对优化制度的辅助和保障。

时间优化模式将控制过程设定分为 3 个模块，为开关井时间、柱塞运行参数和时间优化模式扩展参数。开关井时间为气井运行制度，在运行过程中会根据柱塞运行速度对开关井时间进行优化，该井初始开关井时间设定为开井 2h 关井 8h。

设定柱塞运行参数为，柱塞最大上升时间为 30min，正常目标时间 10min，时间优化变化范围为 40min。具体优化过程为：柱塞到达后设定续流时间为 30min，当柱塞未能到达则执行关井，关井时间为 1.5h。优化时，当柱塞能够到达井口，且上升时间过快，即小于目标时间范围时，则会延长开井时间或缩短关井时间，或两者同时执行，该井设定为两者同时执行，让开井时间每次过快后延长 5min，同时关井时间缩短 5min；相反，如果柱塞速度较目标时间范围慢，即时间大于设定时间后，则开井续流时间缩短 5min，关井时间延长 5min，直到运行时间达到设定理想时间范围后，则会保持现有的开关井时间运行。

该井运行曲线如图 5-2-12 可见。

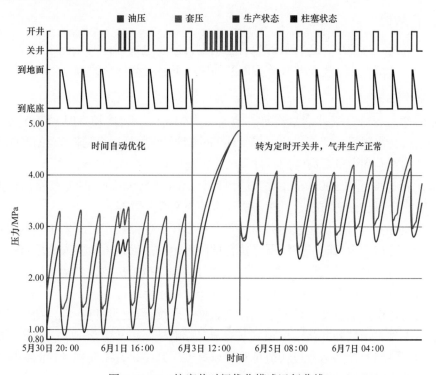

图 5-2-12　柱塞井时间优化模式运行曲线

由图 5-2-12 可见，该井执行时间优化模式之后，气井初期保持稳定生产状态，油套压差为 0.6MPa，能够有效排除井筒积液，同时柱塞稳定到达井口，根据柱塞运行速度对制度进行了优化，但运行一段时间后运行制度执行了不正常时的开关井制度，开井时间短，油套压显现异常，柱塞无法到达井口，切换为定时开关井后，气井恢复正常制度生产，说明了时间优化模式能够实现对气井的优化控制，但会出现特殊控制状态，需要人工分析及时解决。

后期时间优化模式的应用可参考本例井进行设置，要求柱塞能够稳定到达井口，同时作业人员对气井能够熟悉掌握。

二、柱塞气举运行故障分析及维护

柱塞气举运行是一个漫长的过程，占气井生命周期绝大部分时间，短则几年，长则超过十年，在这个过程中会出现柱塞磨损、冻堵，柱塞无法下落、无法正常举液，以及薄膜阀、控制器、捕捉器等装置故障问题，每一个方面问题的发生，都会影响柱塞气举排液正常运行。因此，必须对产生的问题进行分析和及时解决，以保证柱塞排液正常运行。结合柱塞气举技术现场应用经验，形成了运行异常和装置故障两方面的问题分析及维护方法。

运行异常和装置故障问题主要根据柱塞气举运行曲线和生产数据来判断，其中油压套压、产气量、柱塞到达曲线、柱塞运行速度应用最为普遍。正常运行时，柱塞能够按照设定的工作制度准时到达井口，油压、套压及地面输送压力曲线形态正常，产气量、产液量保持相对稳定。

1. 运行故障

柱塞气举运行过程中，运行故障包含柱塞上行速度过快、柱塞上行速度过慢、柱塞无法到达井口、柱塞无法下落至井底等方面的问题，下面对运行中的重点问题进行分析。

1) 运行过快

柱塞气举运行中，气井能量充足、地层压力较高、渗透性较好时，气井关井时间过长，开井运行会出现运行速度过快，尽管柱塞的密封效率受柱塞高速运动的影响不是很明显，但从井的安全和设备寿命考虑，柱塞的上行速度建议在300m/min以下。

柱塞运行速度超过300m/min时为过快运行，超过600m/min时为危险运行，举升过程无液体时，会引起柱塞防喷管、撞击块、缓冲弹簧等装置损坏。

为了防止柱塞运行速度过快对井口装置造成损坏、保障技术运行安全性，设定了保护功能。对于危险速度运行时，控制器会执行危险停运，然后人工核实安全后再进行制度优化执行柱塞运行；对于过快运行气井，会设置过快到达报警次数，当运行过快到达次数达到设定值时，将执行停机指令，需要人工核实安全后才能运行。

柱塞运行速度可通过井口控制器和控制软件平台统计运行速度查看，结合气井实际运行情况进行处理。当气井井筒中出现堵塞等情况影响柱塞正常下落深度，或新投放柱塞未落入井底时，会出现柱塞运行过快或危险运行速度误判结果，需要现场检测特殊处理，未落入井底特殊情况需借助钢丝作业辅助确认。

井筒积液和柱塞举液量对柱塞运行速度会产生重要影响，气井无积液时柱塞运行速度会快，且对井口装置撞击严重，井筒积液量大或柱塞密封性好、举升液柱高度高时，则会降低柱塞运行速度。

当柱塞运行速度增加时，柱塞对防喷管的作用力与速度的平方成比例增加。尽管柱塞和防喷管的设计可以经受正常速度下柱塞的影响，但在高速度情况下，会加快柱塞磨损速度，缩短柱塞运行时间，防喷管因为撞击力量过大而损毁。

解决办法是降低套管恢复压力，或者增加液柱的高度能降低柱塞运行速度，可以通过延长气井续流生产时间来达到目的。另外，降低关井时间，也可能会达到减慢柱塞运行速度的目的。

2) 运行过慢

柱塞举升井筒液柱依靠套管环空中储存的能量以及地层产出气，如果套管中没有足够的能量或者需要很长的关井时间来恢复套压，每天最大可能的循环次数将减少，试验证明柱塞运行速度越慢，举升效率越低，气体通过柱塞漏失越严重，所以会需要更多的气体将柱塞带到地面。

引起柱塞运行速度慢的原因有气井能量恢复低、积液载荷大和管线回压过高。

柱塞上升到地面的速度过低将影响柱塞气举的效果，柱塞运行速度比230m/min低很多时会大大降低举升液体的效率，对于高产气井，因为产量很高，可以弥补效率的损失，但对产量低的气井，套管气对于柱塞的密封举升就很重要。

由于柱塞下部的压力大于上面的压力，若柱塞和油管之间的密封有问题会使气体通过柱塞漏失，降低举升效率。当柱塞以200～300m/min的速度运行时，气体的滑脱量最小，当速度降到最优速度以下时，气体滑脱损失会增加，则每个循环会用到的套管气更多，关井（压恢）时间更长，使每天的循环次数变少，相应地每天的排液量也减少，因此保持柱塞的速度在最优的速度附近，这样才不浪费套管能量，这对于低产井特别重要。

柱塞运行速度过慢会增加柱塞举液漏失，分析发现柱塞运行速度是流体载荷和净套压（套压与管线压力差）的函数，再加上气井生产气体体积，因此解决柱塞运行速度过慢的方法有：

（1）增加套管储存气量，保持合适的产出气量，当液体量大时，柱塞举液到达后执行关井，节省举升存储能量，可以延长关井时间增加套管环空的储气能量，保证柱塞运行速度。

（2）降低井筒积液高度，通过提高套管的工作压力，使得对地层的相对压力更大，就会降低井筒积液载荷高度，从而提高柱塞运行速度，同样延长关井时间可增加对储层的回压。

（3）降低地面管线输气压力，与增加套压在对柱塞运行时间上有相同的效果，即增加柱塞两端压力差，而不会产生关井时间延长对地层压力造成的负面影响。

（4）柱塞密封效率越高，气体滑脱损失越少，柱塞运行时间越短，需要定期检查柱塞磨损，更换用旧的柱塞，可大大改善举升效率。

（5）快速排出液柱以上部分气体，提升柱塞运行速度，如打开油嘴。

3）无法到达

在柱塞气举运行的每次循环中，要求柱塞能够在井底缓冲弹簧和防喷器之间运行完整的距离，如果柱塞没有到达地面，则无法实现有效排液，当柱塞无法到达时，必须引起重视，及时分析原因并加以解决。造成柱塞无法到达的原因是多样的，主要有机械和操作方法不当等方面。

（1）机械方面。

气井生产油管中因生产引起油管内径缩小，使柱塞通过受阻，如气井生产出现的出砂、杂质等使局部油管出现变径故障，柱塞无法正常上升。另外，在温度较低的冬天，气井油管中产生水合物也会影响柱塞正常上升和下落。

安装在油管中的气举阀漏气会影响柱塞到达。

另外一种情形是油管内径变大情形，会引起柱塞举液泄漏从而无法到达，这种情况包括油管局部内径变大、不同管柱内径组合的油管串等，同时油管破损泄漏情况也会引起柱塞到达失效。

第三种机械原因为柱塞状况影响，柱塞密封性和功能稳定性也会影响顺利到达地面，柱塞应用时间过长，磨损严重，已超过更换尺寸而未及时更换；柱塞应用环境腐蚀严重，引起柱塞腐蚀损坏；特殊柱塞如带支路的柱塞，支路部件故障无法有效密封，造成举液密封失效，无法满足压力加在柱塞上。

因此，在安装柱塞气举装置之前需要认真检查完井记录，保证柱塞运行管柱正常完好，满足柱塞举液要求；对运行柱塞需要定期检测磨损和松动部件，保证柱塞良好密封。

（2）操作方法不当。

① 由于柱塞运行速度慢，设定的开井等待时间过短而引起的误判断。前面已提到，柱塞举液到达地面的理想速度为 200～300m/min，但实际运行时，有很多时候受举升液量和柱塞磨损等因素影响，柱塞以更低的速度上升，当设定开井时间过短时，柱塞还未到达井口就执行关井。因此，必须考虑柱塞运行实际速度，设定充足时间以保证柱塞到达地面，如果柱塞到达地面的时间充足，即相当于上升速度为 100～200m/min，这种情况下柱塞能够到达，可通过其他方式优化运行速度，如果仍旧无法到达，则需要分析相关原因。

② 地面存在节流时，受井口节流嘴或针阀开度影响。节流嘴开度过小，使井口气生产速度慢，将降低柱塞举升到地面所需的压力差，因此气井生产速度越慢，柱塞的压力差越小，柱塞到达地面的机会变小。小油嘴和高管线压力对于柱塞运行是要克服的大障碍，它们阻止系统在最优的效率下工作，需要考虑满足要求。

③ 气井关井能量不足，不满足柱塞举液到达井口条件。在进行柱塞举液循环之前使套管达到平衡很重要，柱塞运行一段时间后不运行了，需要排出井筒大部分积液，或者关井，在柱塞循环之前，通过关井使井筒积液被压回储层。

④ 柱塞举液到达地面后，由于采气井口尺寸大于油管尺寸，柱塞举液到达井口后，液体被排出，柱塞停留在采气井口位置，气流从柱塞外侧产出，柱塞到达传感器无法监测到柱塞到达信息。

操作问题导致柱塞无法到达地面，可通过关井恢复能量后重新运行柱塞举液，保证正常的柱塞气举，确保套管要达到举液要求的工作压力。如果必须用油嘴，应选择尽可能大的油嘴；如果地面管线的压力太高，应直接降低压力，但会大大增加成本，因此有时很难达到这一要求。

一些情况下，柱塞在正常条件下无法到达地面，可通过放喷将气导入低压分离器中，带着柱塞上行，这为柱塞提供了额外的压力差，可以使柱塞上升到地面，如果这样也不行，将柱塞用钢丝作业打捞出来检查。

4）无法下落

柱塞靠重力落回井底，如果柱塞在关井之后还是在井口，或者在开井之后很快回到地面，原因是在防喷器处或井中可能存在堵塞物使柱塞无法正常下落。

可通过柱塞运行到达速度判断柱塞能否正常下落，在理想情况下，柱塞的上行速度应该在 200～300m/min 之间，当柱塞运行速度出现连续异常快速时，判断柱塞无法正常下落的可能。

在油管质量没有问题的前提下，结蜡情况可能影响柱塞下落，一般柱塞周期性上下循环运行中，会刮掉油管上的结蜡，但结蜡严重时需要采用化学方法及钢丝作业专用刮蜡片来清除。

井筒中水合物生成也会影响柱塞下落，水合物经常在气体急剧膨胀的深度（井下1000m以上）生成，如果井有很严重的水合物问题，注入甲醇就可以使井恢复正常。

柱塞毁坏或部分弯曲也会阻碍柱塞运行，检查柱塞上的垫片是否移动自如，垫片后面如果有砂粒，也会使柱塞卡住难以下落。

如果井最近大修过，或者发生了其他故障，有可能有外来的碎片，如坐落器上密封胶筒、衬垫式柱塞垫片等堵在油管中，引起柱塞无法正常下落。

新投放柱塞时，若井口采气树主通径上阀门未全部打开，会引起柱塞无法正常掉落，解决方法是全开井口阀门。

最后，由于关井时间太短，柱塞运行速度慢而使柱塞未落入井底，柱塞下落的速度较上升会慢些，一般没有旁通的柱塞下落速度在20～150m/min之间，为了提高柱塞下落速度，在柱塞上设计支路通道，这种情况下柱塞下降速度可达到150～300m/min，根据柱塞类型，设定充足的柱塞下落时间。

如果柱塞在最初安装时运行得很顺畅，那么油管不可能变形或穿孔，如果怀疑油管毁坏，采用通井规进行检查。

5）续流时间短

气井柱塞气举中，发挥柱塞举液作用，同时要发挥气井有效产能，使气井生产更多天然气，这就需要考虑气井有效开井时率，对于能量充足、液量小的气井，需要充分优化气井排液和续流生产之间关系。

柱塞气举井在产量上存在差异，缩短续流时间以排出小的液柱，短的压力恢复时间要求建立小的套压，以举起小的液柱，达到较低的井底压力和较大的产量，但续流生产时间过短，气井中没有液柱，则需要考虑合理续流时间。

柱塞气举中积液主要是由于气井流动时间太长，或者关井期间套压太小造成的，保守的柱塞气举循环会减轻柱塞气举的积液，但这需要更高的套管工作压力，关井时间更长。

如果气井完全积满了液体，在一开始就必须清除液体，柱塞气举运行前需要关井让其恢复压力，必要时在开始工作之前进行人工气举等排液，对于渗透率高的井，关井期间将使液体进入地层。

2. 装置故障

1）薄膜阀故障

（1）气井出砂使阀芯或阀座损坏，阀门无法实现气井密封关闭，柱塞气举运行关井时，气井无法聚集举升积液载荷所需的能量，柱塞气举将运行失效。

当薄膜阀阀芯漏气较小时，阀芯处会形成严重节流，冬季或长时间运行时会产生水合物冻堵。

可根据油压判断阀门密封状况,当发现阀门漏气时应及时更换损坏的阀芯或阀座。

(2)薄膜阀无法打开,薄膜阀打开依靠给阀头上的薄膜提供适当压力,影响阀门打开的原因有三个方面:一是提供给阀门开启的供气压力过低,不能将阀门打开,正常条件下,0.15~0.2MPa压力能够打开阀门,由压力调节阀来控制,压力低于开井所需最低压力时阀门将无法开启,需要通过调节阀将开启压力调高到所需压力。二是由于阀门膜片破损,使阀门工作失效,如供给开启阀门的压力过大,超过了阀门薄膜承受极限压力,引起阀门薄膜破损漏气;阀门检查时不正确操作或使用时间长也会引起阀门薄膜损坏。三是由于控制给薄膜阀供气的两位三通电磁阀故障,从而无法供气或泄压,引起阀门开关失效。

(3)薄膜阀密封填料损坏。薄膜阀用于密封的密封填料组件,伴随着阀杆周期高频次运动和环境温度变化,由于密封的橡胶密封圈容易损坏,使密封填料漏气。一般情况下,拧紧密封内螺纹就能停止泄漏,密封填料密封件损坏后则需要替换密封件后才能消除泄漏。

(4)薄膜阀上下游压力差过大。柱塞气举井能量充足或关井时间过长后,薄膜阀上游油压恢复值高,而薄膜阀下游输气压力值低,这时上下游形成较大的压差,薄膜阀的内部结构为高进低出,压力差作用下会使薄膜阀在设定的开启供气压力下无法打开,这时可通过倒流程的方式升高下游压力,减少压差,从而实现阀门正常开启。

2)控制器

目前控制器应用中常出现以下4种故障:

(1)因为控制器供电系统故障,出现无电或馈电,控制器无显示或显示不连续。解决办法:一是检查电池是否充电以及连接是否合适;二是检查电池使用寿命,电池充电储电功能是否正常,如果判断充电和储电无效,则需更换新的电池。

(2)排除电源故障及馈电情况后,控制器无显示,检查电路及电子元器件,可判识电子器件损坏的更换器件,出现电路、系统等损坏严重或无法判识原因的则更换柱塞控制器。

(3)控制器死机,应用中控制器电池电量显示正常,充电功能正常,但控制器数据不更新,操作无变化,判断为死机状态。这类问题解决办法是首先取下控制器电池,等待约1min时间,然后重新装上电池,即重启控制器;如果重启还无法解决死机问题,则需更换控制器。

(4)控制器数据无法传回,这种情况是远程控制平台上气井数据故障或无数据传回,井口控制器控制功能正常,则分析为数据传输功能故障,需检查传输系统。主要原因有三方面:一是传输系统硬件故障;二是缺电;三是数据传输卡欠费或故障。

3)压力传感器

柱塞气举过程具备远程控制功能时,需配备数字压力传感器,一般检测的压力包括油压、套压和输压,有些气井会出现输压缺失情况,压力传感器稳定性能直接影响着柱塞控制调参,因此当出现故障时,应及时维护。压力传感器常见的故障有以下三方面:

（1）压力传感器数据异常，数据出现负值、零值、超大值和假恒值等情况，这时需要检查维修压力传感器。

（2）传感器返回传输故障信号，表明传感器正常，但因为数据传输出现错误结果，故需及时维护传输部件。

（3）无数值显示，原因可能为供电故障或传感器硬件损坏，先检查供电系统，供电系统故障时维护或更换供电系统，供电系统正常情况下，维护或更换压力传感器。

4）到达传感器

柱塞到达传感器故障主要有以下几方面：

（1）柱塞到达传感器安装在防喷管上，柱塞运行气井能量较低，柱塞到达地面时，停留在采气树位置，没有完全进入防喷器，到达传感器无法测到柱塞到达信息，这种情况下可通过延长关井时间让气井的能量更充足，再开井让柱塞进入防喷管，正常检测到柱塞到达。

（2）柱塞举液到达井口后，由于上部具有压缩气液阻止柱塞到达顶部位置，如果柱塞未能到达传感器所监测的位置，那么将检测到达失效。因此为了确保柱塞到达防喷器，柱塞井口防喷管采用双管结构排水口，会将上部压缩气液排出，柱塞更易到达。

（3）柱塞举升液柱高度大，柱塞举升液柱到达井口后，受举升液体影响，会出现检测不到柱塞到达情况。

（4）到达传感器线路或器件故障，无法正常检测柱塞到达，需要维护更换到达传感器。

5）微电磁阀

微电磁阀在应用中发生故障后，将会引起薄膜阀开关失效，因此当薄膜阀关闭不正常时就需要及时检查微电磁阀。微电磁阀故障主要原因有以下三方面：

（1）微电磁阀内部气流通道被杂质堵塞，引起阀门开关失灵，解决方法是打开电磁阀，对阀芯进行清洗吹扫。

（2）泡排剂等化学药剂进入微电磁阀中形成结块，影响阀门开关，解决方法与杂质堵塞相同，对阀芯进行清洗吹扫。需注意，对于采用电磁阀控制的柱塞井，采用油套环空取气时，不能采用泡沫排水、油套环空中注起泡剂等措施。

（3）微电磁阀长时间使用，内部弹簧部件损坏，使运行失效，解决方法是打开微电磁阀，检查弹簧，发现弹簧损坏后更换弹簧。

6）分液罐

分液罐用于分离提供给薄膜阀开关气源中的杂质和液体，保证微电磁阀和薄膜阀稳定开关。

分液罐主要问题是当气源较脏、含有杂质及较多液体时，杂质分离不充分，引起微电磁阀故障，需要定期对分液罐进行排液。当分液罐无法满足分离需求时，应更换分液罐。

7）减压阀

减压阀的作用是将提供给薄膜阀开关的气源压力调节至适合阀门开关需要的压力等级。

减压阀故障主要是阀芯漏气，减压阀无法调节压力变化，当压力高于薄膜阀膜片承受最高压力后，会引起膜片损坏，造成阀门故障。因此，当减压阀故障时，应及时维修更换减压阀。

8）柱塞磨损

柱塞气举中，柱塞周期性在井筒中上下往复运行，柱塞与油管壁之间有摩擦存在，运行一段时间后柱塞外径尺寸会因磨损减小，因柱塞结构和密封原理差异，柱状和刷式等结构柱塞磨损后，严重影响柱塞密封效果，具体磨损速度会因材质不同有差异，一般刷式柱塞磨损速度较金属柱塞快。

（1）在柱塞运行过程中，需要定期检查柱塞磨损情况，当达到更换条件后，应及时更换新的柱塞，保证柱塞密封效果。

（2）柱塞运行中会出现撞击损坏。当柱塞上有活动部件，如衬垫式密封柱塞，柱塞高速运行撞击力量大时，会使密封垫片脱落。当柱塞密封效果变差时，应及时检查柱塞是否损坏，柱塞损坏后及时更换柱塞。

容易损坏的柱塞类型还有带旁通结构快落柱塞和具有胶筒密封结构柱塞。

9）捕捉器

定期检查更换柱塞时，采用柱塞捕捉器捕捉住柱塞。常用的捕捉器为摩擦型结构，包括一个延伸到捕捉器边上的球，被一个卷簧推着，当柱塞通过捕捉球时，弹簧对柱塞的压力使接触柱塞的一面产生摩擦力，防止柱塞下落，实现捕捉。常见故障有以下四方面：

（1）柱塞无法到达捕捉器位置，无法实现对柱塞有效捕捉。帮助柱塞到达捕捉器的一种方法是，对于双通道防喷管，可以打开捕捉器上边的流动出口，同时关闭下边的流动出口，以引导所有的流动都通过上边的流动出口，使防喷器中的柱塞能够到达，如果在这些条件下，捕捉器还是不能捕捉柱塞，就需要检测捕捉器是否故障。

（2）检查捕捉器中是否有冰、石蜡或其他固体堵住了捕捉器，解决办法是清除这些外来物，恢复捕捉器功能。

（3）手工检测捕捉器的接头，在运行位置，当启动捕捉器后，弯曲（球）应该延伸到柱塞处，如果没有延伸或者无法复位，那么就需要维修或替换。

（4）柱塞捕捉器漏气，柱塞捕捉器经常用一些密封填料压盖连接，发生泄漏一般可通过拧紧压紧内螺纹来修理，如果不行，只有替换柱塞捕捉器。

在检修捕捉器时需要注意捕捉器与防喷管连接螺纹为反螺纹结构，目的是防止柱塞到达井口时撞击防喷管形成退扣。

3. 故障判识及解决对策大表

通过前面对柱塞气举技术运行和装置故障问题总结分析，能够有效指导柱塞气举技术运行管理。为了更加方便地对运行问题和装置故障判断和解决，将存在问题及故障总结形成大表，能够快速准确查询有关问题，提升问题解决效率，柱塞气举运行异常问题见表5-2-2，装置故障问题见表5-2-3。

表 5-2-2 柱塞气举运行异常问题及处理方法大表

序号	异常类型	原因分析	异常诊断	解决措施
1	柱塞未到达	上升时间设置过短	开井时间小于柱塞从井底到达井口时间	设定开井上升时间大于柱塞从井底到达井口时间
2		气井能量不足	载荷系数大于 0.5，延长关井时间，载荷系数可满足开井条件	延长关井时间，达到开井载荷系数条件
3		积液多，气井无产量	载荷系数大于 0.5，长期关井，载荷系数无法满足开井条件	气井复产后制定柱塞气举工作制度
4		柱塞上升悬停在井口大四通处	柱塞未到达防喷管，可听到柱塞与井口撞击声音	延长关井时间，增加柱塞举升能量
5		地面管线回压升高	地面管线输压升高引起油压升高，载荷系数大于 0.5，柱塞不能到达防喷管	延长关井时间，达到开井载荷系数条件
6		柱塞气举生产流程错误	原生产流程未关闭，柱塞气举控制阀开关井对气井不作用	关闭原气井生产流程，打开柱塞气举生产流程
7	柱塞上升速度过慢	关井时间过短，举升能量蓄积不足	柱塞上升速度小于 200m/min	延长关井时间，使柱塞运行速度在 200～300m/min 之间
8		单循环举升液量过大	柱塞上升速度小于 200m/min	优化柱塞工作制度，使柱塞运行速度在 200～300m/min 之间
9		井口节流阀开度过小	柱塞开井瞬时气量小，油压与井口节流后压力压差大，柱塞上升速度小于 200m/min	增大节流阀开度，降低压差
10	柱塞上升速度过快	关井时间过长	柱塞上升速度大于 300m/min	缩短关井时间，使柱塞运行速度在 200～300m/min 之间
11		柱塞未落入井底	关井时间小于柱塞下落至缓冲器所需时间，柱塞上升速度大于 300m/min	延长关井时间，关井时间大于柱塞下落缓冲时间
12		无液体举出	柱塞到达时无液体产出，油压曲线没有排液过程，柱塞上升速度大于 300m/min	延长开井时间，套压有升高开始积液时关井

续表

表 5-2-3　柱塞气举装置和设备运行故障及解决措施大表

序号	装置及设备	故障类型	故障诊断	解决措施
1	井下限位器	卡定器滑落井底	（1）满足载荷系数条件下开井，柱塞无法到达井口；（2）钢丝作业探测卡定器落入井底	打捞旧卡定器后，投放新卡定器
		井下缓冲器上冲到井口	（1）柱塞连续过快到达且井口未见排液；（2）井口主控阀门不能关闭	打捞旧井下缓冲器后，投放新井下缓冲器
		井下缓冲器上冲至井筒中间	（1）柱塞连续过快到达且井口未见排液；（2）钢丝作业探测在井筒遇阻	
2	柱塞	柱塞防喷管内遇卡	（1）满足载荷系数条件下开井，柱塞到达防喷管，再次开井未检测到柱塞到达；（2）检查柱塞及防喷管	取出柱塞，更换损坏柱塞
		柱塞井筒遇卡	（1）满足载荷系数条件下开井，柱塞无法到达井口防喷管；（2）钢丝作业探测柱塞在井筒中遇卡	钢丝打捞取出柱塞，更换损坏柱塞
3	柱塞防喷管	缓冲弹簧断裂	柱塞到达防喷管撞击声音异常，检查缓冲弹簧	更换损坏缓冲弹簧
		防喷管泄漏	防喷管有刺漏，检测漏点	（1）缓冲帽漏气，泄压后检查更换损坏的O形密封圈；（2）防喷管本体漏气，泄压后拆卸、更换防喷管
4	柱塞捕捉器	捕捉器不能缩回	投放柱塞时，操作捕捉器，但柱塞不跌落	维修或更换捕捉器损坏部件
		捕捉器不能伸进	捕捉柱塞时，操作捕捉器，柱塞到达井口后，但无法捕捉柱塞	

序号	装置及设备	故障类型	故障诊断	解决措施
5	开关井控制阀	阀门打不开	阀门上下游压差过大，驱动气压力在额定工作压力范围内，下达开阀指令后阀门不动作	平衡控制阀上下游压力
			气动薄膜阀驱动气压力小于额定工作压力，下达开阀指令后阀门不动作	调节驱动气压力在额定工作压力范围内
			薄膜阀不动作，拆卸薄膜阀，薄膜阀膜片漏气	更换损坏膜片
			控制阀门不动作，电磁阀故障：（1）供气管线液体堵塞；（2）电磁阀被碎屑堵塞	（1）凝结水分液罐排液；（2）拆卸电磁阀吹扫碎屑
		阀门关不严	阀门关闭后，仍有介质流动，拆卸阀门后，阀芯有杂质	气体吹扫或拆卸阀门清除杂物，无法解决时更换阀门密封件
			阀门关闭后，仍有介质流动，拆卸阀门后，阀座及阀芯损坏	更换损坏阀座、阀芯
			阀门关闭不动作，电磁阀泄压孔堵塞	吹扫电磁阀泄压孔，使其畅通
		阀门冻堵	阀芯存在节流，在低温环境下造成阀门冻堵	加热，常压解堵或注入水合物抑制剂解堵
6	凝结水分液罐	凝结水分液罐冻堵	0℃以下，凝结水罐放空排液时，不出水、不出气	加热，常压解堵
		凝结水分液罐满	薄膜阀开井后不动作，排液时间长，凝结水分液罐液体满	进行凝结水分液罐排液
7	控制器	不执行控制指令	控制器电池电量不足	测量电池充电电压，电池损坏时应更换新电池
				检查太阳能电源，要求板面干净、面朝南方
			控制器线路异常	检查连接线路，确保线路正常
			控制器系统死机	断电后重启或重刷系统
8	柱塞感应器	柱塞到达、跌落检测不准确	人为井口检测校验	调整感应器灵敏度后，重新调试校正
9	数据传输设备	数据无法远程传输	井口无网络信号	安装信号放大器
			数据传输系统馈电	检查电源，电源故障时进行更换
		数据丢包	数据接收不全	增加网络带宽

4. 柱塞运行故障诊断判识图版

前面已形成了柱塞气举运行故障判识解决方法和快速处理大表，能够有效指导柱塞气举技术运行故障处理。在技术运行中，通过总结发现，柱塞气举运行的油压、套压、柱塞到达曲线具有周期性规律特征，能够有效反映柱塞气举运行状况。因此，通过对柱塞气举运行故障与运行曲线进行对比和总结，最终形成了柱塞气举运行故障的判识曲线，通过故障曲线分析，当实际井的曲线与案例相同时，能够直观快速确定故障类型，对柱塞气举井运行管理起到重要的指导作用，是柱塞气举运行管理时最常用的方法之一。

结合柱塞气举井故障曲线特征，形成的柱塞气举运行故障判识曲线图版有 8 种类型，如图 5-2-13 至图 5-2-20 所示，图名为故障名称类型，可与前面故障判识解决方法和故障大表结合起来应用。

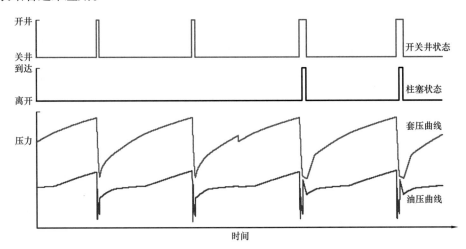

图 5-2-13　开井时间短柱塞未到达

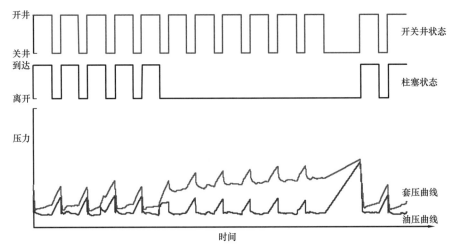

图 5-2-14　气井能量不足

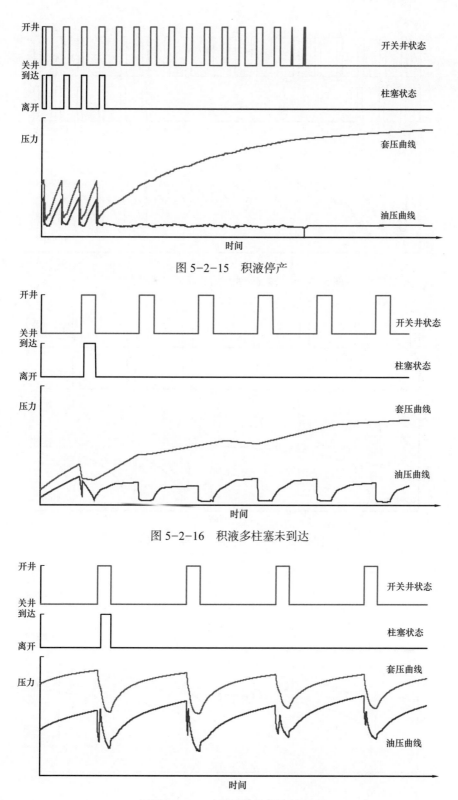

图 5-2-15 积液停产

图 5-2-16 积液多柱塞未到达

图 5-2-17 有排液但柱塞未到达

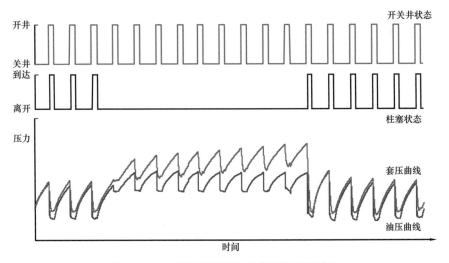

图 5-2-18　输气管线压力升高柱塞不能到达

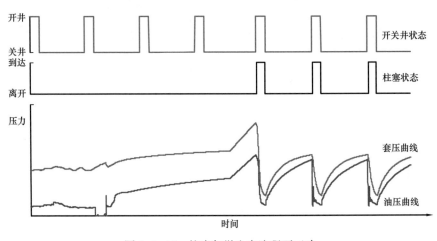

图 5-2-19　柱塞气举生产流程不正确

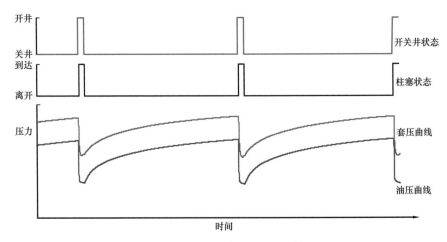

图 5-2-20　柱塞过快到达且无液体举出

第六章　柱塞气举技术应用

柱塞气举技术作为排水采气的主体技术之一，在长庆、海南福山、川渝、延长、四川中江等气田广泛应用，同时为了适应现场不同井况需求，形成了适合不同井况的高效柱塞排水采气技术。本章将结合现场实际应用情况，对水平井柱塞、套管柱塞、简化柱塞、智能化等技术的应用进行介绍。

第一节　柱塞气举技术总体应用情况

一、长庆气田应用

长庆气田作为国内最大气田，属于典型的低渗透致密储层气藏，具有典型的"三低"（低压、低产、低丰度）特征，储层致密、物性差、非均质性强、单井产量低。气田投产气井 2 万余口，平均单井产量 $0.73 \times 10^4 m^3/d$，平均套压 8.66MPa，平均水气比 $0.57 m^3/10^4 m^3$，气井综合递减快，气井生产普遍受积液影响，为气田排水采气带来严峻挑战。气田自 2013 年以来，持续加大科技创新攻关力度，创新形成了具有自主知识产权的柱塞气举排水采气关键工具及配套技术。截至 2022 年底，柱塞气举排水采气现场试验及应用超过 5000 口井，并在苏东南、苏东等区块建立了六个柱塞气举示范区，涵盖了高、低压集输模式和下古生界腐蚀气井，平均单井增产气量 $0.23 \times 10^4 m^3/d$，产量增幅 $30\% \sim 300\%$，柱塞到达检测准确率达 99%，年累计增产气量超 $10 \times 10^8 m^3$，实现了柱塞气举排水采气远程自动管理，提高气井管理水平，有效解决了长庆气田低压、低产气井排水采气难题。

1. 低压集输气井应用分析

苏里格气田生产特点为井下节流、地面管线串接，采用低压集气模式。截至 2021 年底，在苏里格低压集输模式气井上已累计应用柱塞气举 3400 口井，试验后单井平均增产气量 $0.23 \times 10^4 m^3/d$，油套压差减小 3.5MPa。

例：苏 A 井应用分析。

苏 A 井 2008 年 6 月投产，生产至 2010 年气井出现积液，无法连续生产，2010 年 9 月采用速度管柱排水采气，气井速度管柱排水采气生产至 2013 年 6 月开始间歇生产，生产 3 天需要关井 1 天，生产气量为 $0.27 \times 10^4 m^3/d$，油套压差 3.5MPa。

2013 年 9 月将该井速度管柱起出改为柱塞气举排水采气工艺，柱塞气举安装井口如图 6-1-1 所示，柱塞气举后气井生产稳定，2014 年 5 月气井油压 2.42MPa、套压 2.53MPa，油套压差仅为 0.11MPa，产气量为 $0.83 \times 10^4 m^3/d$。生产曲线如图 6-1-2 所示。

图 6-1-1　苏 A 井柱塞气举现场试验井口

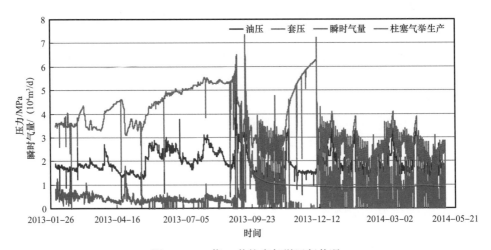

图 6-1-2　苏 A 井柱塞气举运行状况

图 6-1-3 为柱塞气举远程控制软件监测柱塞运行曲线，可根据曲线中油套压差变化，设置柱塞气举运行制度参数，选择时间优化和压力优化模式，能够实现自动优化。该井柱塞气举过程中，柱塞到达率 92%，油套压差稳定，气井排液明显。

图 6-1-4 为气井周期运行参数，详细记录柱塞运行速度，可根据最佳速度 230m/min 的标准，对柱塞气举运行制度进行优化，当运行速度偏低时，应增加关井时间，缩短开井续流时间，速度高时则相反。通过现场应用，当柱塞运行速度在 100～300m/min 之间时，气井均能够正常排液生产。该柱塞平均运行速度为 140m/min，接近最佳运行速度，可维持该制度进行举液生产。

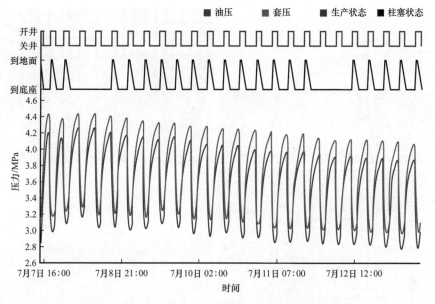

图 6-1-3 苏 A 井柱塞气举控制软件监测油套压数据

续流时间	关井时刻	关井套压(MPa)	关井油压(MPa)	生产时间	关井时间	周期时间	悬停时间	柱塞速度(m/Min)
01:37:49	2014年7月10日 12:57:01	3.163	2.951	02:00:00	04:00:00	06:00:00	00:17:40	144.9
01:37:49	2014年7月10日 6:57:01	3.133	2.910	02:00:00	04:00:00	06:00:00	00:19:40	144.9
01:38:54	2014年7月10日 0:57:01	3.161	2.933	02:00:00	04:00:00	06:00:00	00:20:05	152.4
01:37:09	2014年7月9日 18:57:01	3.204	2.986	02:00:00	04:00:00	06:00:00	00:17:42	140.7
01:33:06	2014年7月9日 12:57:01	3.245	3.059	02:00:00	04:00:00	06:00:00	00:13:25	119.5
01:38:23	2014年7月9日 6:57:01	3.192	2.978	02:00:00	04:00:00	06:00:00	00:20:15	148.7
01:39:12	2014年7月9日 0:57:01	3.187	2.970	02:00:00	04:00:00	06:00:00	00:21:27	154.6
01:39:14	2014年7月8日 18:57:01	3.206	2.997	02:00:00	04:00:00	06:00:00	00:20:26	154.6
00:00:00	2014年7月8日 12:57:01	3.202	2.995	02:00:00	04:00:00	06:00:00	00:00:00	0.0
00:00:00	2014年7月8日 6:57:01	3.302	3.129	02:00:00	04:00:00	06:00:00	00:00:00	0.0
01:37:24	2014年7月8日 0:57:01	3.275	3.093	02:00:00	04:00:00	05:00:00	00:22:10	142.3
01:40:13	2014年7月7日 19:57:01	3.186	2.964	02:00:00	04:00:00	05:00:00	00:32:42	182.5

图 6-1-4 苏 A 井柱塞气举控制软件监测柱塞气举运行状况

2. 高压集输气井应用分析

靖边气田、榆林气田、长南项目部和苏里格部分下古生界气井采用高压集气模式，特点是在站内采用针阀控制生产。

例：榆 A 井应用分析。

榆 A 井于 2005 年 11 投产，为高压集输生产气井，投产初期的产气量为 $2.56 \times 10^4 m^3/d$，产液量为 $0.72m^3/d$。生产至 2011 年 11 月底，气井受积液影响严重，开始间歇生产，产气量 $0.51 \times 10^4 m^3/d$，油套压差 2.99MPa，产液量 $0.06m^3/d$，井筒积液严重，几乎无法维持正常生产。为恢复气井产能，2013 年 10 月开展柱塞气举排水采气工艺试验，试验安装井口和生产曲线如图 6-1-5 和图 6-1-6 所示。

图 6-1-5　榆 A 井的实际安装图

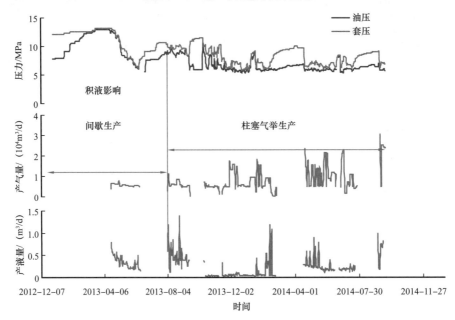

图 6-1-6　榆 A 井柱塞气举运行曲线

应用柱塞气举排水采气生产工艺后，气井油套压差降至 0.23MPa，井筒积液有效排除。柱塞气举生产气量达 $1.61 \times 10^4 \text{m}^3/\text{d}$，稳定增产气量 $1.10 \times 10^4 \text{m}^3/\text{d}$；产液量为 $0.76 \text{m}^3/\text{d}$，日产液量增加 0.7m^3，柱塞气举应用效果显著。

柱塞气举远程控制软件分析柱塞气举运行油套压及到达检测曲线如图 6-1-7 所示，由曲线分析得出，该井柱塞气举过程中，柱塞到达率 96%，油套压差稳定，气井排液明显。

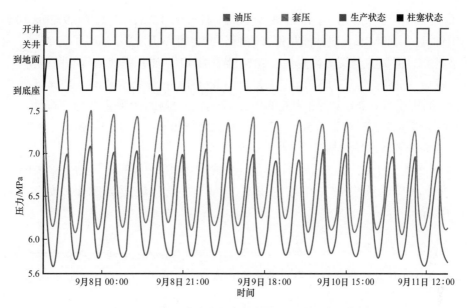

图 6-1-7 榆 A 井柱塞气举控制软件监测油套压数据

软件记录柱塞气举运行周期和柱塞速度如图 6-1-8 所示，分析柱塞开关井规律，运行速度稳定，平均运行速度为 45m/min，运行速度偏慢。

关井时刻	关井套压(MPa)	关井油压(MPa)	生产时间	关井时间	周期时间	悬停时间	柱塞速度(m/Min)
2014年9月8日 18:17:09	6.239	5.789	03:00:00	03:00:00	06:00:00	00:00:00	39.2
2014年9月8日 12:17:09	6.248	5.800	03:00:00	03:00:00	06:00:00	00:00:00	41.2
2014年9月8日 6:17:09	6.167	5.776	03:00:00	03:00 柱塞运行 00:00	00:00:00	38.9
2014年9月8日 0:17:09	6.182	5.769	03:00:00	03:00:00	06:00:00	00:00:00	43.0
2014年9月7日 18:17:09	6.150	5.787	03:00:00	03:00:00	06:00:00	00:00:00	38.3
2014年9月7日 12:17:09	6.190	5.694	03:00:00	03: 速度：45m/min 0	00:00:00	43.6
2014年9月7日 6:17:09	6.197	5.691	03:00:00	03:00:00	00:00:00	00:00:00	44.8
2014年9月7日 0:17:09	6.196	5.722	03:00:00	03:00:00	06:00:00	00:00:00	47.5
2014年9月6日 18:17:09	6.124	5.742	03:00:00	03:00:00	06:00:00	00:00:00	39.7
2014年9月6日 12:17:09	6.202	5.728	03:00:00	03:00:00	06:00:00	00:00:00	45.3

图 6-1-8 榆 A 井柱塞气举控制软件监测柱塞气举运行状况

二、国内其他气田应用

1. 海南福山油田应用分析

福山油田隶属于南方石油勘探开发有限责任公司，地处海南省海口市，气田地质条件复杂，多属小型断块构造，为典型凝析气藏，气井产气量小，平均产气量 3350m³/d，气液比 542，平均含水率 11%，气井生产受积液影响严重。2014 年 7 月，在该油田花 A、花 B 两口井上开展了柱塞气举排水采气试验，平均增产气量 1.01×10^4m³/d，应用效果显著。

例：花 A 井应用分析。

花 A 井生产层位为流三段，气层深度 3078.0～3116.0m，2013 年 3 月 10 日射孔，

3月13日接井生产。初期采用4mm油嘴生产，日产油4.73t，日产气0.9729×10⁴m³，油压7.0MPa，套压9.5MPa。该井能量逐步降低，2013年6月23日油嘴扩为5mm，生产表现为积液严重，但关井后压力恢复快，2014年5月12日油井积液油压与回压持平，关井16h油压就由0.5MPa上升为5.6MPa，套压由6.6MPa上升为7.0MPa；2014年5月23日关井21h，油压就由0.6MPa上升为6.0MPa，套压由6.5MPa上升为7.4MPa。2014年4月采用5mm油嘴生产，日产油0.58t，日产气0.3254×10⁴m³，油压1.0MPa，套压6.3MPa，积液多，急需开展排水采气措施。

2014年3月5日该井进行了压力测试，油压2.0MPa，套压6.8MPa，静压10.433MPa，测压曲线表明气井存在积液，生产曲线和流压测试曲线如图6-1-9和图6-1-10所示。

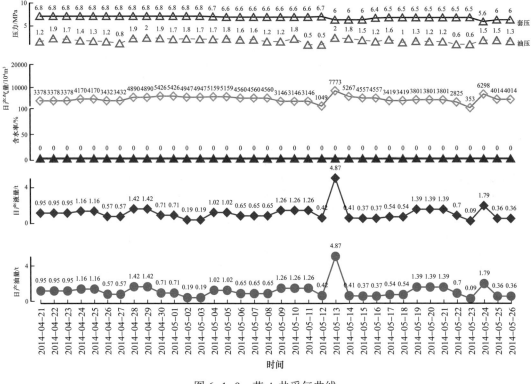

图 6-1-9　花 A 井采气曲线

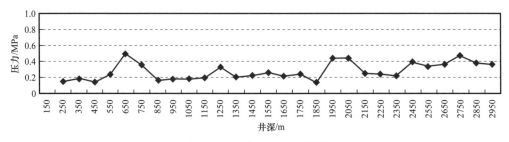

图 6-1-10　花 A 井流压曲线

2014年7月开展柱塞气举技术实验，完成柱塞气举工具投放和装置安装，试验前后采气井口如图6-1-11和图6-1-12所示。

图6-1-11 试验前气井井口　　　　　　　图6-1-12 柱塞气举气井井口

截至2014年9月20日，花A井柱塞气举连续平稳运行68天，累计增产气量66.4×10⁴m³，累计增产液量107m³；柱塞气举前后油套压、产气量、产液量曲线如图6-1-13至图6-1-15所示，应用柱塞气举后，有效排出气井积液，油套压差降为1.88MPa，较试验前减小1.74MPa，产气量由试验前的0.5×10⁴m³/d提高到1.45×10⁴m³/d，日增产液量1.10m³，增产效果显著，柱塞气举排水采气效果明显。

柱塞气举远程控制软件分析柱塞气举运行油套压及到达检测曲线如图6-1-16所示，由曲线分析得出，该井柱塞气举过程中，柱塞到达率100%，油套压差稳定，气井排液明显。

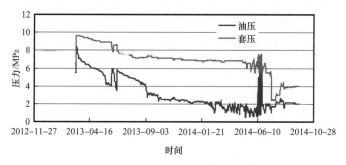

图6-1-13 花A井油套压曲线

图6-1-14 花A井产气量曲线

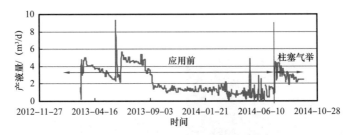

图 6-1-15　花 A 井产液量曲线

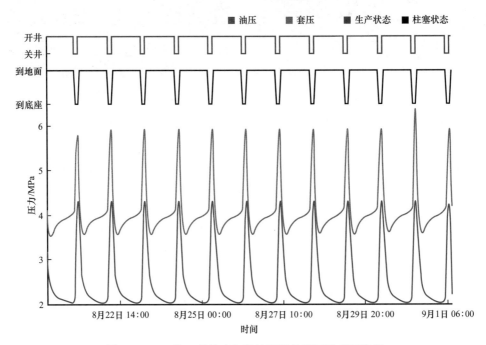

图 6-1-16　花 A 井柱塞气举控制软件监测油套压数据

软件记录柱塞气举运行周期和柱塞速度如图 6-1-17 所示，分析柱塞开关井规律，运行速度稳定，平均运行速度 47.1m/min，运行速度偏慢。

续流时间	关井时刻	关井套压(MPa)	关井油压(MPa)	生产时间	关井时间	周期时间	悬停时间	柱塞速度(m/Min)
19:55:51	2014年9月2日 5:01:53	4.135	2.057	21:00:00	03:00:00	1:00:00:00	00:00:00	47.4
19:55:22	2014年9月1日 5:01:53	4.135	2.050	21:00:00	03:00:00	1:00:00:00	00:00:00	47.1
19:56:01	2014年8月31日 5:01:53	4.130	2.048	21:00:00	03:00:00	1:00:00:00	00:00:00	47.5
19:55:18	2014年8月30日 5:01:53	4.134	2.058	21:00:00	03:00:00	1:00:00:00	00:00:00	47.0
19:55:27	2014年8月29日 5:01:53	4.127	2.045	21:00:00	03:柱塞运行 00:00:00	00:00:00	47.1
19:54:58	2014年8月28日 5:01:53	4.130	2.053	21:00:00	03:00:00	1:00:00:00	00:00:00	46.8
19:56:27	2014年8月27日 5:01:53	4.128	2.043	21:00:00	速度：47.1m/min 00:00	00:00:00	47.9
19:55:28	2014年8月26日 5:01:53	4.126	2.037	21:00:00	03:00:00	1:00:00:00	00:00:00	47.1
19:55:26	2014年8月25日 5:01:53	4.113	2.026	21:00:00	03:00:00	1:00:00:00	00:00:00	47.1
19:55:13	2014年8月24日 5:01:53	4.102	2.019	21:00:00	03:00:00	1:00:00:00	00:00:00	46.9
19:55:54	2014年8月23日 5:01:53	4.092	2.008	21:00:00	03:00:00	1:00:00:00	00:00:00	47.4

图 6-1-17　花 A 井柱塞气举控制软件监测柱塞气举运行状况

2. 川渝气田柱塞气举应用

川渝老气田有水气藏已投产的 110 个气田中，产水气田有 104 个，占气田总数的 94.5%，近半数投产气井产水[125]。其中，日产水量小于 $10m^3$ 的井占到产水气井总数的 85.56%，如图 6-1-18 所示。以川东地区为例，日产气量小于 $1.5 \times 10^4 m^3$、井口生产压力小于 2MPa 的气井超过 50%，呈现出低压、低产、小液量的生产特点，见表 6-1-1。在蜀南、川西地区，该类井以中浅层气井为主，主要采用间歇生产和泡排、柱塞气举工艺维持生产。而在川东地区，石炭系气藏为主力气藏，占总井数 66.7%，气井以高温、深井为主，平均井深超过 5000m，井温 90～120℃，井型多样，有大量斜井和水平井，气井生产具有低压、小产量的生产特点，螺杆泵、电潜泵等泵类工艺不适应该类型气井，气举工艺技术上基本可行，但因经济性差无法推广，导致大部分气井后期只能间歇生产甚至直接关停。

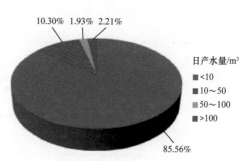

图 6-1-18　川渝气田不同产水井所占比例

表 6-1-1　川东地区产水气井生产情况统计

项目	生产压力 /MPa				产气量 / ($10^4 m^3$/d)				产水量 / (m^3/d)			
	>10	5～10	2～5	≤2	>10	5～10	1～5	≤1	>30	10～30	3～10	≤3
井数 / 口	5	33	83	173	22	30	112	130	1	5	9	174
井数比例 /%	1.70	11.22	28.23	58.85	7.48	10.20	38.10	44.22	0.53	2.65	4.76	92.06

该气区优选了 15 口井开展柱塞气举技术试验，试验效果见表 6-1-2 和图 6-1-19，技术成功率 100%，应用后单井产气量提高超过 20%，最高达 6 倍，运行井深达 4963m，地层压力系数最低至 0.1MPa/100m，有效延缓了气井递减速度。

表 6-1-2　部分深井柱塞现场试验效果统计表

气井		卡定器深度 / m	地层压力 / MPa	生产平均套压 / MPa	生产平均油压 / MPa	平均日产气量 / $10^4 m^3$	平均日产水量 / m^3	备注
QL45	工艺前	—	3.61	1.51	0.97	2.25	1.35	起泡剂 14kg/d
	工艺后	4845.58		1.69	0.94	1.87	1.27	替代泡排生产
F11	工艺前	—	5.68	3.36	0.71	0.20	0.20	
	工艺后	4741.66		2.84	1.20	1.20	1.20	产量增加 5 倍
TD55	工艺前	—	5.52	4.40	2.20	0.30	0.10	
	工艺后	4628.65		3.38	2.10	1.75	0.40	产量增加 6 倍

续表

气井		卡定器深度 / m	地层压力 / MPa	生产平均套压 / MPa	生产平均油压 / MPa	平均日产气量 / 10^4m^3	平均日产水量 / m^3	备注
TD84	工艺前	—	7.85	2.82	2.15	1.65	0.35	
	工艺后	4927.76		3.15	2.33	1.85	0.52	产量上升，递减率从14.8%降至9.6%

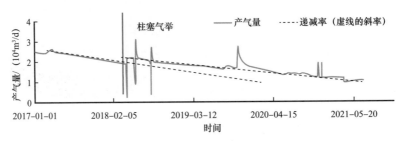

图 6-1-19　TD84 井柱塞气举前后生产对比图

3. 中江气田柱塞气举应用

中江气田位于四川盆地川西坳陷中段东部斜坡，是中国石化西南油气分公司"十二五"在川西中浅层天然气增储上产的主要阵地。中江气田主力开发层为侏罗系沙溪庙组，属致密砂岩气藏，普遍采用水平井开发，井身结构较为复杂，且气藏自投入开发以来就伴随着凝析油的产出[126]。随着中江气田的不断开发，气井压力、产量逐渐降低，受井筒积液的影响，气井产量波动较大，需及时介入排水采气工艺确保低压气井稳产。泡沫排水采气工艺是目前最简单、应用最广的气井排液工艺，但由于凝析油降低了泡排剂的起泡能力和泡沫稳定性，导致部分含凝析油气井泡排效果较差，同时也带来了地面消泡困难、油水分离效果差等问题。

中江气田为窄河道致密砂岩异常高压气藏，设计单井稳产年限为 2～3 年，截至 2019 年 6 月，中江气田超过 65% 的气井井口压力已低于 3.5MPa，平均单井产气量 $1.31×10^4m^3/d$，产水量 $0.31m^3/d$，产油量 0.32t/d，日产液量较低，平均生产水气比 $0.24m^3/10^4m^3$，满足柱塞气举工艺应用条件。

1）分体式柱塞应用情况

中江气田于 2016 年底在 GS305HF 井、JS33-23HF 井、JS24-1HF 井和 CG561 井开展了 4 口井的分体式柱塞气举试验，仅有产量超过 $1×10^4m^3/d$ 的 JS33-23HF 井实现了不关井连续生产，达到了分体式柱塞不关井生产的目的。而另外 3 口井因压力产量不足，仍然需要关井复压或辅以泡排生产。这说明了分体式柱塞适合产量相对较高的气井，或者有邻井气源的气井。以 JS33-23HF 井为例具体说明。该井为一口水平井，井深 3661m，套管射孔完井，造斜点 2285m，人工井底 3621m，油管内径 62mm，循环滑套底界深 3009m。

由于压力递减较快，于 2016 年 12 月 2 日实施了柱塞气举工艺，卡定器下入造斜段，下深 2437m（井斜角 17°），投入分体式柱塞进行试验。从柱塞运行情况看，在 2017 年 12 月至 2018 年 1 月，由于压力产量充足，柱塞连续运行频率达 3～4 次 /d；随着压力产量的递减，到 2018 年 3 月，柱塞运行频率降为 1 次 /d；2018 年 4 月 19 日碰口关井后再开井，柱塞运行不再连续，频率变为 1 次 /2.5d，已基本失效；截至 2018 年 5 月，柱塞运行频率已经低至 1 次 /4d，柱塞无法到达井口，完全失效。

由此可见，分体式柱塞适用于产气量较高的井，对于低产井或间开井，则与常规开关井柱塞无异。根据文献推荐，结合川西气井工况，分体式柱塞应用的临界产量应高于 $0.6 \times 10^4 m^3/d$。

2）弹块柱塞应用情况

中江气田 2019 年在 JS104-3HF 井、GS301-1 井投用弹块式柱塞，取得较好的排液效果。其中 JS104-3HF 井为低压易结蜡气井，生产油压 2.48MPa，套压 3.50MPa，外输压力 2.24MPa，日产气（0.70～1.68）$\times 10^4 m^3$，关井 6～8h 后，套压仅由 3.5MPa 上升至 3.9MPa，压力恢复慢，且套压最高升至 3.9MPa，表明地层能量较低。该井受井筒积液影响，产量波动大。2019 年 2 月起投用弹块式柱塞，但由于该井产出油中重质组分较多，冬季气温较低时，井口以下 800m 的井筒内壁结蜡严重，柱塞无法顺利到达井底。结合室内溶蜡实验结果，采用 60～80℃热水洗井、焖井后强排的除蜡工艺，确保弹块式柱塞顺利投放。

柱塞投用前，气井受积液影响，产量波动较大，通过降压排液清除井底结蜡后，气井产气量可达 $2 \times 10^4 m^3/d$，次日由于积液影响，产量降低至 $0.7 \times 10^4 m^3/d$。柱塞投用前期，每天关井 1 次，每次关井 3～5h，开井后柱塞上行时间 1h 左右，而降压排液时柱塞上行时间可缩短至 4～12min，证明气井能量低是导致柱塞上行时间长的主要原因。JS104-3HF 井初期柱塞上行时带液量仅为当日气井出液总量的 39%，表明大部分液体为柱塞运行后，由气井自身逐步带出，导致柱塞每次运行均不能充分排除积液，每隔 5～8 天积液积累较多后，柱塞无法启动。

2019 年 2 月 20 日起，柱塞运行制度调整为每天关井 2 次，每次关井 2h，开井后柱塞 8～13min 可上行至井口，柱塞单次运行带液 $0.2m^3$，气井生产平稳，实现了低压气井柱塞气举工艺的有效运行。

4. 延长气田柱塞气举应用

为了克服泡沫排水实施难度大、人员劳动强度大等问题，延长气田探索性地开展了柱塞气举现场试验。2015—2019 年，延长气田选取了区块中 2 口积液气井进行试验，对这 2 口柱塞气举试验井试验前后的油套压差、产气量等进行对比，试验数据见表 6-1-3。从表 6-1-3 中可以看出，试 A 井平均油套压差减小 2.44MPa，产气量增加 $0.26 \times 10^4 m^3/d$，试 B 井平均油套压差减小 4.00MPa，产气量增加 $0.80 \times 10^4 m^3/d$，试 A 井和试 B 井试验效果较好，柱塞气举可以解决延长气田现场的排液需求。

表 6-1-3　柱塞气举试验井试验情况对比

井号	试验前				试验后			
	油压 / MPa	套压 / MPa	压差 / MPa	产气量 / (10⁴m³/d)	油压 / MPa	套压 / MPa	压差 / MPa	产气量 / (10⁴m³/d)
试 A	7.76	11.20	3.44	1.74	8.50	9.50	1.00	2.00
试 B	5.00	9.50	4.50	1.00	7.50	8.00	0.50	1.80

第二节　水平井柱塞气举技术及应用

一、生产介绍

水平井柱塞气举技术是针对水平气井特殊的管柱及井身结构形成的一种柱塞气举排水采气工艺。与常规气井垂直井身结构相比，水平气井井斜较大，钻井井斜角达到或接近 90°，从上到下依次为直井段、斜井段及水平段。同时，水平气井前期采用压裂生产一体化管柱，主要有水力喷射和裸眼封隔器压裂两种完井方式。最终形成的生产管柱有单一管径结构和组合管径结构（上部 $3\frac{1}{2}$in，下部 $2\frac{7}{8}$in）等多种结构。

从生产角度，水平气井有效地增加了气藏的泄流面积，有效地提高了单井的产量。在生产后期，水平气井产水后由于其特殊的管柱结构，常规的排水采气工艺有效性及适应性较差。因此，针对水平井特殊的管柱结构及井身结构，形成的水平气井柱塞气举技术，能够有效解决水平气井后期排水采气难题。

二、技术特征

首先和常规气井相比，水平井最主要的特点在于井斜较大，通过模拟试验，要提高水平气井柱塞气举排液效率，柱塞井下坐落器的位置应该下入斜井段，常规柱塞井下坐落器采用下击坐封，井斜超过 30°时，投放工具下击力不够，工具无法剪断销钉，坐落器芯杆坐封困难；同时受重力作用坐落器不居中，卡簧及卡爪不易卡定，坐封成功率低。普通柱塞坐落器无法使用。因此，水平气井柱塞坐落器具有大井斜稳定坐封功能。

其次，水平气井斜井段液体回流严重，即便柱塞能在该位置运行，当关井时，依然有较多液体回落井底，导致柱塞排液有效率低。水平井柱塞井下坐落器具有单流密封功能，能够有效防止液体回落，提高柱塞排液效率。

另外，水平气井压裂改造规模大、产气量大，在生产过程中出砂严重，严重影响柱塞井下工具稳定性及井口控制系统，而水平井柱塞井下坐落器具有防砂功能。

同时，部分水平气井后期生产采用组合管柱结构，水平井柱塞采用大小不同的两个柱塞，在两个不同规格的管柱内运行，实现全井筒的柱塞运行。

三、关键装置

水平井柱塞井口防喷系统及控制系统与常规柱塞系统一致，仅在尺寸上有所差别，与常规柱塞气举工艺相比，水平井柱塞在柱塞及坐落器上具有特殊性，也正是这两个关键工具，实现了不同工艺结构的水平井柱塞工艺。

1. 自带缓冲柱塞

采用 $3\frac{1}{2}$in 自带缓冲柱塞，负责排出组合管柱上方 $3\frac{1}{2}$in 油管内液体，无须限位器，采用油管变径位置接箍作为限位，自身具有缓冲功能。

$3\frac{1}{2}$in 自带缓冲柱塞是利用水力喷射水平管柱存在变径特点，柱塞直接投放于 $3\frac{1}{2}$in 管柱内，利用 $3\frac{1}{2}$in 管柱和 $2\frac{7}{8}$in 管柱的变径接头 A 台阶进行限位，柱塞自带的特殊弹簧可吸收下落的冲击力，具有防砂、自缓冲、密封性高等特点。图 6-2-1 为其工具限位原理示意图，内部结构如图 6-2-2 所示。该柱塞简化了井下作业工作量，取消传统的井下卡定器与缓冲器，将柱塞与缓冲功能组合于一体，实现举液与缓冲的功能。

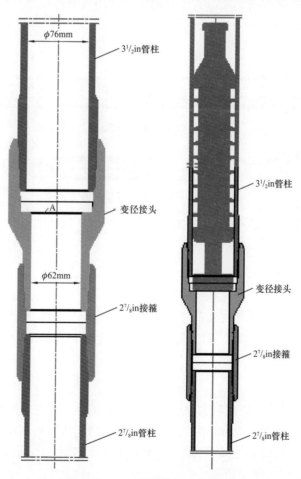

图 6-2-1　工具限位原理示意图

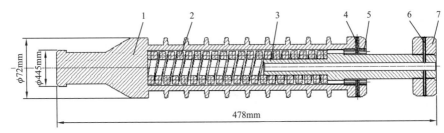

图 6-2-2 $3\frac{1}{2}$in 自缓冲柱塞结构图

1—主体；2—弹簧；3—导杆；4—销子；5—挡圈；6—销子；7—导向头

2. 上提式弹块结构坐落器

安装在油管接箍的空位处，对下落的柱塞起到缓冲、限位、防止积液回落的作用。采用弹块坐封固定，上提实现坐封，在 70°井斜时稳定坐放和打捞。由投放头、打捞头、锁块体、锁块、芯轴、连接座、中心管及单流密封结构组成，下部带有缓冲结构，投放于 $2\frac{7}{8}$in 管柱最上端的接箍槽内，能够实现单流密封作用及下部柱塞上行过程中的缓冲，其结构和实物如图 6-2-3 和图 6-2-4 所示。

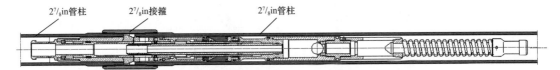

图 6-2-3 上提脱手弹块式坐落器结构示意图

图 6-2-4 上提脱手弹块式坐落器实物图

该装置是水平井柱塞气举技术的核心部件，具有以下三种结构，满足水平气井柱塞运行功能。

1）上提脱手结构

坐落器由井下钢丝作业投放，当下至设定深度后，工具通过上提卡定在油管接箍槽内，当拉力达到设计力值时密封胶筒胀开，密封坐落器与油管接触面；然后上提震击井下工具，投放销钉剪断，实现工具的投放及坐封。上坐落器丢手及坐封状态如图 6-2-5 所示。

2）单流密封结构

坐落器本体上设计有单流阀和密封胶筒，关井时液体保持在坐落器上部，防止回流水平段，提升柱塞举液效率，主要确保工具内部通道的单流功能及工具与油管的密封。

工具内部单流阀如图 6-2-6 所示，工具下部单流装置只能使气液流单向流向井口，阻止液体回流井底，单流阀采用弹簧控制阀球结构，由密封底座、单流密封球、固定弹簧组成，实现强制居中密封功能，采用钢球与阀密封形式，形成单向气液通道。

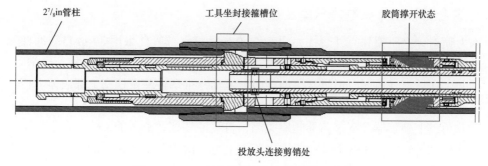

图 6-2-5　上坐落器丢手及坐封状态示意图

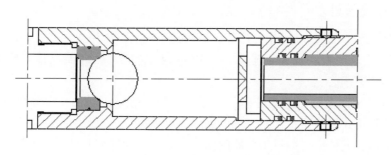

图 6-2-6　单向阀结构示意图

工具与油管密封采用密封胶筒膨胀的原理,当工具上提时,内部支撑结构撑开胶筒并卡定,实现密封。胶筒采用氟橡胶,其稳定性较高,胶筒上具有金属骨架结构,胶筒密封、解封采用机械强制执行,具有密封稳定性更强及易打捞的特点,其结构如图 6-2-7 所示。

图 6-2-7　金属骨架结构胶筒结构

3) 防砂筒

采用割缝筛管防砂方式,有效隔离出砂问题,保证单流阀密封性能及井口控制设备的稳定性,气田采用的防砂筒结构如图 6-2-8 所示。采用螺纹连接于坐落器底部,由多组横向割缝形成防砂气流通道,可满足 20/40 目压裂砂防砂需求及气液过流需求。

图 6-2-8　防砂筒

四、关键技术

结合水平井管柱及排液特征,对应两种不同水平井井身结构的柱塞气举排水采气技术工艺。配套上文提到的自缓冲柱塞及井下坐落器,形成不同水平井柱塞气举工艺,能够有效提高排液效率,实现柱塞全井筒运行。

1. 组合管柱水平井柱塞气举工艺

水力喷射分段压裂井完井管柱如图 6-2-9 所示，上部管柱采用 $3\frac{1}{2}$in 自缓冲柱塞，下部管柱采用 $2\frac{7}{8}$in 常规柱状柱塞，采用分段举升接力排液工艺实现全井段柱塞气举工艺。

开井生产后，气体同时通过坐落器阀向上流动，推动柱塞及柱塞上部液体上行，上部柱塞将液体排出井筒，下柱塞将液体举升至上坐落器的上方。

关井后，上坐落器及下坐落器阀座关闭，自缓冲柱塞及滑脱的液体落至上坐落器的上方。柱状柱塞及气井产出的液体落于下坐落器上方，由于两个坐落器的单流密封作用，液体不会通过坐落器滑落。

2. 单一通径管柱水平井柱塞工艺

裸眼封隔器分段压裂井完井管柱如图 6-2-10 所示，采用全通径 $3\frac{1}{2}$in 或 $2\frac{7}{8}$in 生产管柱，柱塞工艺采用弹块式井下坐落器（$3\frac{1}{2}$in 或 $2\frac{7}{8}$in）、缓冲器及常规柱塞（$3\frac{1}{2}$in 或 $2\frac{7}{8}$in）的配套工艺组合。

井口装置及控制系统与常规柱塞气举系统一致，井下工具由 3 部分组成，即柱状柱塞、缓冲器及弹块式坐落器。

开井生产后，气体同时通过坐落器阀向上流动，推动柱塞及柱塞上部液体上行，将液体排出井筒。

关井后，坐落器阀座关闭，柱塞及滑脱的液体落至坐落器的上方，液体不会通过坐落器滑落。

3. 水平井柱塞工艺应用条件

适用于直井、定向井、水平井，自身具有一定产能的自喷井，同时要求气井产水量需小于 $20m^3/d$，油套管畅通，洁净无污物。

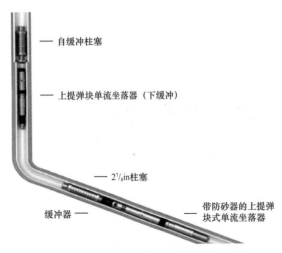

自缓冲柱塞

上提弹块单流坐落器（下缓冲）

$2\frac{7}{8}$in柱塞

缓冲器

带防砂器的上提弹块式单流坐落器

图 6-2-9 组合管柱水平井柱塞分级举升排液工艺示意图

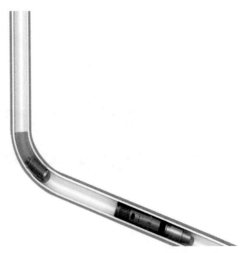

图 6-2-10 裸眼封隔器分段压裂井完井管柱示意图

五、现场应用

截至 2021 年底，长庆油田累计推广应用 171 口井，措施有效率 86%，平均单井增产 $0.29 \times 10^4 m^3/d$，累计增产气量 $2.33 \times 10^8 m^3$。其中，苏东南示范区集中应用 106 口井，平均产量递减率降低 5.5%。

靖 X1 井采用 $3\frac{1}{2}$in（井深 2755m）$+2\frac{7}{8}$in 油管，2017 年 11 月 12 日采用柱塞气举排水采气。图 6-2-11 为采用柱塞日产气量、日产水量、井口油压和井口套压曲线，可知采用柱塞前平均日产气量 $0.687 \times 10^4 m^3$，平均日产水量 $0.51 m^3$，井口平均油压 0.997MPa，井口平均套压为 12.24MPa，油套压差 11.243MPa，以上数据为柱塞气举前 30 天内平均值。

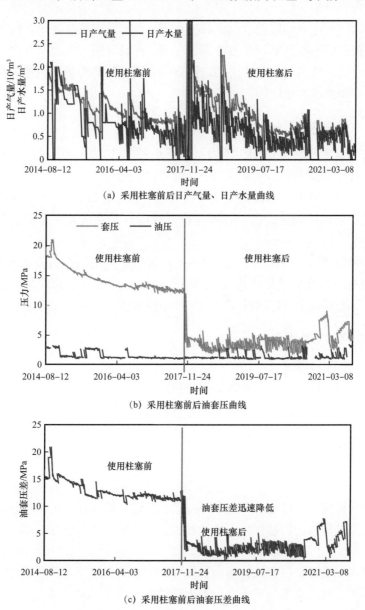

(a) 采用柱塞前后日产气量、日产水量曲线

(b) 采用柱塞前后油套压曲线

(c) 采用柱塞前后油套压差曲线

图 6-2-11　采用柱塞前后生产动态曲线

采用柱塞气举后实际日产气量 $3.62 \times 10^4 m^3$（采用柱塞气举后一个月内的平均值），日产气量增加 $3.05 \times 10^4 m^3$，日产水量 $2.59 m^3$，日产水量增加 $2.08 m^3$，增幅为 407.84%，排液效果较好。靖 X1 井现场安装使用后，产量增加明显，排液效果明显，经过多个时段井口压力、流量数据分析，达到柱塞气举的运行要求。

第三节　套管生产井柱塞气举技术及应用

套管生产井依靠完井的套管作为天然气生产管柱，而不再下入生产油管，气井无生产油套环空，井口仅有油管生产压力，生产积液后采用柱塞气举技术时，举升柱塞上部积液能量全部来自储层，这对储层能量供应和柱塞密封性能具有更高要求。同时，对柱塞气举控制管理，目前载荷系数判断开井方法无法应用，气动薄膜阀气源取气也发生了改变。因此，对于套管生产井柱塞气举技术应用，需要综合考虑气井能量、装置工具和控制方法等多方面改变，实现技术有效应用。

一、国内外研究现状

关于套管柱塞气举技术应用，国内最早是由长庆气田于 2019 年在 4½in 管柱上进行探索试验，设计了专用密封柱塞、井下限位坐落器和井口防喷管装置及配套捕捉器等柱塞气举工具、装置和技术，对技术应用取得重要认识。之后，在 3½in 管柱上开展应用试验，取得了成功的试验效果，扩大技术应用近百口井，为该类井提供了有效的排水采气技术。

通过技术调研分析，套管柱塞气举技术在国外气井应用具有相关文献报道，国外同样以常规柱塞为主，套管生产井柱塞气举应用较少，4½in 及以上大尺寸管柱气井，应用专有限位坐落器和密封性能较好的柱塞类型，关于控制技术未见相关报道。

二、适用气井要求

套管井柱塞气举技术要求：

（1）满足套管生产井（油套不连通）时柱塞气举气液比要求。

（2）管柱要求上下通畅，无变径，管柱内壁光滑无严重锈蚀。

三、装置选型

1. 柱塞

套管生产井柱塞由于管柱没有油套环空蓄积能量，因此在更低地层能量的情况下，为了最大限度地降低柱塞运行过程中的液柱滑脱，对柱塞本体与管柱内壁之间的密封性能提出了更高的要求。

结合应用柱塞类型，衬垫式柱塞密封较好，但衬垫式柱塞对气井生产气液杂质、出砂具有较高的要求，故适合于气质干净、不出砂的生产环境。同时考虑更好的密封性，设计胶筒密封结构柱塞，减小气井漏失，实现高效排液。

长庆气田应用中，$3\frac{1}{2}$in 管柱气井主要采用了胶筒和衬垫式密封结构柱塞，在气量较高积液井可应用柱状柱塞。衬垫式柱塞和柱状柱塞应用较为普遍，不做详细说明，对胶筒密封柱塞结构及工作原理做简单介绍。

如图 6-3-1 所示，柱塞内置设计了单流阀，柱塞外圈上下部均设可收缩的皮碗胶筒，用于密封柱塞与管柱间的环空，运行周期开始，柱塞的单流阀打开，同时胶筒收缩，使得柱塞的外径小于套管内径，柱塞依靠自重从防喷管处自由下落，当柱塞下落至井下卡定器处，地层流体通过打开的单流阀汇集到柱塞上部。

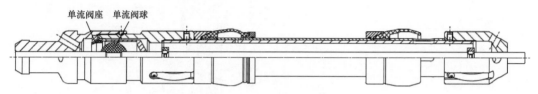

图 6-3-1 柱塞下行状态图

开井生产后，地层流体对单流阀推动使得单流阀关闭，同时使皮碗胶筒膨胀，使得柱塞和套管密封，井底流压和生产油压形成生产压差，随着地层气体进入油管，柱塞及上部积液段由于生产压差上升至地面，如图 6-3-2 所示。

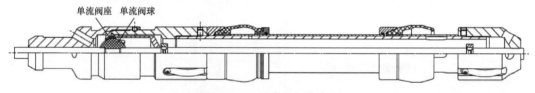

图 6-3-2 柱塞上行状态图

柱塞到达地面后撞击防喷管缓冲弹簧，打开单流阀，气体连续不断地进入生产管线，同时捕捉器一直捕捉住柱塞使其在防喷管内，直到开始下一个周期柱塞从防喷管释放。

当柱塞上行至防喷管处撞击缓冲弹簧后，柱塞内部的中心杆会被撞击下行，中心杆上的单流阀球与单流阀座（即上球座）分离，打开单流阀，运动状态如图 6-3-3 所示，使得柱塞内部通道打开，同时，胶筒由于没有流压作用，自动收缩，柱塞依靠自重落入井底。

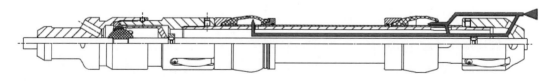

图 6-3-3 柱塞胶筒膨胀

胶筒密封柱塞具有以下优点：

（1）柱塞的上下胶筒在下行过程中，未激发密封性，上下胶筒尺寸小于套管内径，减少了胶筒的磨损，使得上下胶筒能持续更长的使用时间。

（2）对于生产末期的气井、低压井最为有效，可以依靠最小的地层能量实现排液采气。

（3）对不能够维持油管柱塞运行的井同样可以继续生产。

2. 井口防喷管

根据胶筒柱塞应用，设计了井口防喷管及配套工具，如图 6-3-4 所示，防喷管为双生产通道结构，主生产通道为柱塞到达顶部后井内流体到生产管线的主要通道，上部通道用于排出柱塞到达井口后上部气液，使柱塞能够充分有效到达捕捉器位置，保障柱塞捕捉稳定性。

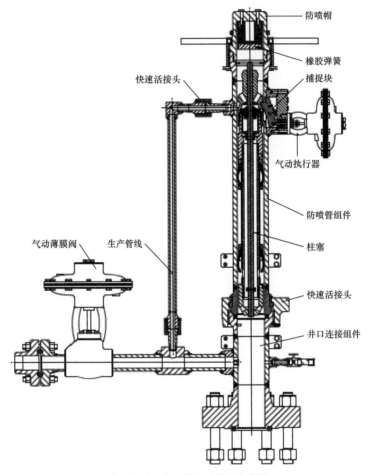

图 6-3-4　防喷管的结构设计图

套管柱塞气举运行过程中，气动捕捉器与生产薄膜阀实现联动开关，当柱塞到达防喷管后，气动捕捉器准确捕捉柱塞并固定到当前位置，防止其悬浮上下活动。

当需要取出柱塞检修维护、更换胶筒时，打开两个快速活接头，卸载千斤顶组件的顶力，将防喷管组件侧翻至 90°位置，采用水平方式将柱塞装入防喷管内，捕捉块自动捕捉到柱塞，防止其下落；千斤顶加油、推动防喷管组件侧翻至直立，连接好快速活接头，柱塞安装原理如图 6-3-5 所示。

1）缓冲结构

针对带皮碗胶筒的柱塞每次到达防喷管后，需要捕捉柱塞，在这样的情况下，需考虑

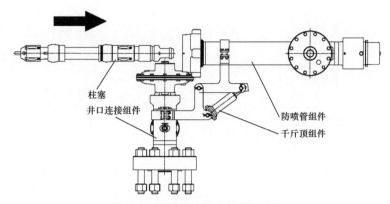

图 6-3-5　取出、装入柱塞示意图

柱塞上行到防喷管顶部捕捉时，尽可能地降低柱塞撞击后的反冲击力，保证捕捉器有效捕捉到柱塞的同时，避免反冲击力损坏捕捉器和柱塞，提高相关工具的使用寿命。

　　针对套管生产井柱塞的上缓冲装置，为减小反向冲击力，对胶筒式柱塞进行准确捕捉，将撞击结构设计为橡胶弹簧的形式，为了避免橡胶部分被撞击损坏，上下各增加一个金属的骨架，如图 6-3-6 所示。

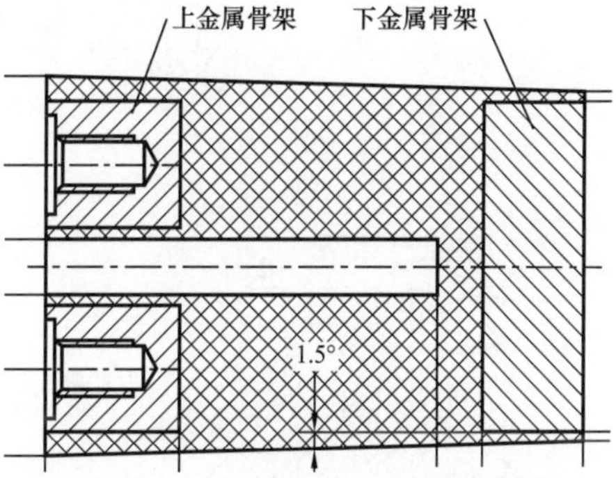

图 6-3-6　橡胶弹簧结构示意图

（上金属骨架　下金属骨架　1.5°）

　　2）捕捉器

　　针对套管生产井柱塞，结构上只有 1 个捕捉槽，需要对柱塞进行准确捕捉，同时柱塞对捕捉器的要求是每当开井柱塞到达井口后，生产过程中柱塞要一直固定在防喷管顶部，避免段塞流冲刷致使柱塞悬浮上下窜动磨损胶筒、降低柱塞的使用寿命。当关井恢复地层能量时，捕捉器关闭使柱塞下行，柱塞气举开井生产和关井恢复能量的过程中，要求捕捉器能同步联动，这种情况下，常规的机械式捕捉器不能满足此功能要求，针对胶筒柱塞，捕捉器结构如图 6-3-7 所示。

　　捕捉器主要由捕捉块、铰接轴、捕捉弹簧和气动执行器组成。气动执行器的气源与生产翼薄膜阀的气源共用，铰接轴的功用是转换捕捉块的功能，使得薄膜阀和执行器的开关指令共用一个控制系统即可。

　　生产捕捉柱塞工作状态如图 6-3-8 所示，当生产翼薄膜阀打开生产时，同时供气给气动执行器，执行器打开，通过铰接轴转换，捕捉块的捕捉台阶伸出防喷管内壁悬挂住柱塞，捕捉块依靠防喷管外壁台阶和捕捉限位台阶进行限位，限制捕捉块伸出长度。

　　关井投放柱塞过程如图 6-3-9 所示，当关井恢复地层能量时，切断生产翼薄膜阀和气动执行器的气源，执行器关闭，通过铰接轴转换，捕捉块的捕捉台阶缩回，柱塞依靠自重下行至井底，捕捉块依靠防喷管外壁台阶和投放限位台阶进行限位，限制捕捉块缩回距离，保护捕捉弹簧不被过度压缩。

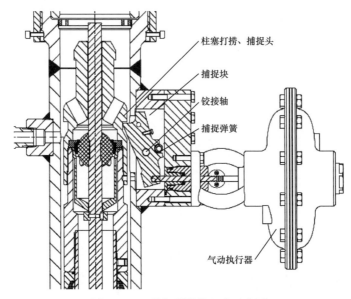

柱塞打捞、捕捉头

捕捉块

铰接轴

捕捉弹簧

气动执行器

图 6-3-7　捕捉器结构组成示意图

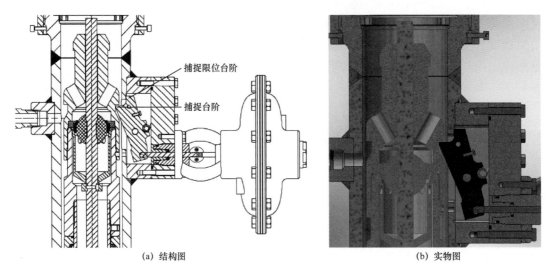

捕捉限位台阶

捕捉台阶

(a) 结构图　　　　　　　　　　　　　　(b) 实物图

图 6-3-8　捕捉器捕捉柱塞示意图

3. 控制方法

1) 控制阀门

常规柱塞气举的控制阀门采用气动薄膜阀，利用油套环空的气源取气后简单分离和调压后控制阀门开关，而套管生产井由于没有油套环空，直接引用生产管柱气源控制，存在较大弊端：一是井筒出液量大，需要经常上井排出分液罐的液体确保设备运行，导致现场工作量大，如未及时排除液体，液体则会进入薄膜阀驱动器破坏设备，存在安全隐患；二是采用外加气源控制，如氮气瓶等，需要定期更换，且成本高，不利于生产管理。

另外，使用薄膜阀为全开全关功能，当气井为低压集输模式、井口具有保护阀门时，

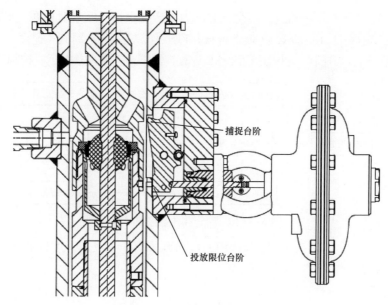

捕捉台阶

投放限位台阶

图 6-3-9　捕捉器投放柱塞示意图

开井压力高会引起安全保护阀门关闭，影响柱塞气举正常运行，对于积液较高气井需要长时间关井，形成较高能量运行柱塞气举举液，这与地面截断阀保护压力相冲突，对套管柱塞举液不利。

针对套管柱塞井薄膜阀控制不便问题，采用电动阀门进行柱塞气举运行控制，电动阀门具备调节压力开井功能，能够解决套管井柱塞气举关井压力高的开井问题。

电动阀控制开关井优势如下：

（1）解决套管井气源问题，以井场现有电源或者现有控制系统电源即可驱动，无须额外增加驱动源。

（2）阀门可以进行等百分比流量开关，调节精度为 1%，能够实现柱塞生产的流量远程调节，减少现场作业强度。

（3）阀门设计为 90°直角式，配合流量开关特性，可以替换针阀，集井口针阀和柱塞控制阀功能于一体，实现二阀合一，减少井口设备配备，便于井口设备管理。

（4）在阀出口下游设计压力监测接口，接入数字压力计监测管线压力，通过设定安全压力，自动控制阀门开度，当阀门开度达到安全压力后停止继续开启，当管线压力超过设定安全压力，阀门自动调小开度，保护地面设备。

2）控制方法

常规气井柱塞气举生产监测有油压、套压，控制方法有定时开关井模式，时间、压力和载荷系数自动优化模式，控制过程中需要根据气井油压、套压和载荷系数情况确定开井时机，进行制度优化。

套管生产井无油套环空，生产中无套压数值，常规油管柱塞气举优化方式不适用，只能应用定时开关井模式，调参工作量大，技术适应性差，需要开发适应的自动优化控制方法。

套管柱塞气举生产时，生产参数有油压、产气量和柱塞运行速度等，柱塞气举参数优化方法在现有定时开关井基础上，结合气井压力和产气量情况实现对柱塞气举井控制。

控制原理如图6-3-10所示，控制器根据井口压力、柱塞到达时间（速度）、流量等参数实现对井口电动调节阀控制，利用远程设备和远程控制平台，实现气井远程控制管理分析。

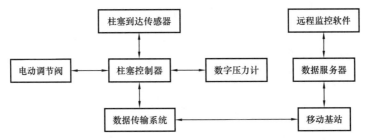

图6-3-10　套管井柱塞控制原理

根据套管生产井实际情况，结合选用的电动调节阀开关以及开度调节特性，设计了3种套管井柱塞控制方法。

（1）压力控制法。

压力控制过程框图如图6-3-11所示。

开井：设定能够实现举液的开井压力，同时设定最小关井时间（让柱塞落入井底），在达到关井时间后判断气井压力恢复，当达到设定压力时，电动控制阀开启控制开井生产。

关井：当气井生产最小开井时间后（柱塞能够举液到达），判断当前气井压力是否降低到设定压力，当气井压力降到设定压力后执行关井。

（2）压力时间优化控制法。

根据套管生产井油压控制开井、气井生产续流时间执行关井，控制过程如图6-3-12所示。

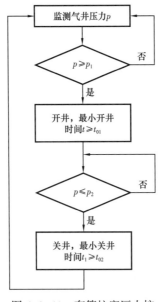

图6-3-11　套管柱塞压力控制方法

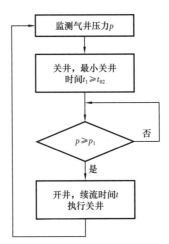

图6-3-12　套管柱塞压力时间优化方法

开井：开井方法与压力控制模式相同，根据气井设定恢复能量执行开井。

关井：考虑套管柱塞气举井阀门全开后，油压与地面输气压力平衡，采用设定油压控制关井时，最低压力受系统压力影响严重，采用设定开井时间来控制关井。

（3）压力流量优化控制法。

根据套管生产井油压控制开井、气井生产气量执行关井，控制过程如图 6-3-13 所示。

开井：开井方法与压力控制模式相同，根据气井设定恢复能量执行开井。

关井：设定最小开井时间后，监测气井产气量，当气井产气量达到设定值后执行关井。

三种柱塞气举控制方法对比情况见表 6-3-1，通过对比，在气量计量较为准确的情况下，压力和流量结合的控制方法更为准确，应用时优先选用压力流量优化控制方法，在气量计量不准确情况下，选用定时开关井模式。

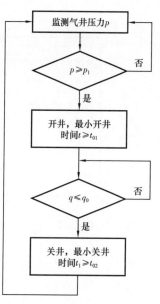

图 6-3-13 套管柱塞压力流量优化控制方法

表 6-3-1 三种柱塞气举控制方法对比

控制模式	优点	缺点
压力控制模式	设定方法简单	关井压力受系统集输压力影响，影响续流时间
压力时间优化控制模式	能够根据气井能量情况设定开井时间	需要根据气井能量变化定期优化开井时间制度
压力流量优化控制模式	根据气井产量执行关井，充分利用气井能量，实现自动优化	要求气井单井产气量计量，且计量较为准确

四、现场应用

SN0024-× 井 2018 年 7 月实施柱塞气举试验，生产动态曲线如图 6-3-14 所示，平均日产气 $1.41 \times 10^4 m^3$，2018 年 8 月 7 日至 29 日，进行气液两相计量，累计产液 $24.21 m^3$，液气比 $1.18 m^3/10^4 m^3$，气区平均液气比 $0.40 m^3/10^4 m^3$，排液效率显著提高。

如图 6-3-15 所示，采用两相流量计对柱塞运行情况进行计量分析，运行 10 天，计算日产气量 $1.0379 \times 10^4 m^3$，气井生产平稳，柱塞气举运行正常。

气井间歇性出液，产液曲线如图 6-3-16 所示，产液量主要在 $0.1 \sim 1.8 m^3/h$ 之间，运行 10 天累计产液 $17.54 m^3$，平均日产液量 $1.75 m^3$，表明柱塞气举能够有效排除井筒积液，保持气井稳定生产。

柱塞气举井制度调整为开井 16.5h，关井 7.5h，运行后柱塞能够到达井口，柱塞到达曲线如图 6-3-17 所示，柱塞到达率 85.7%，柱塞到达捕捉稳定性为 100%。

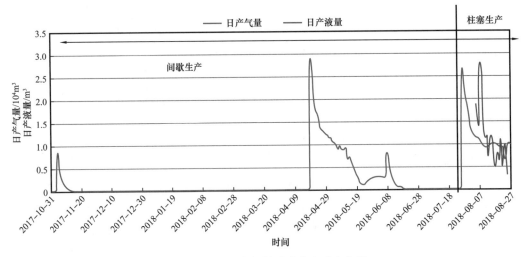

图 6-3-14 柱塞气举试验生产动态曲线

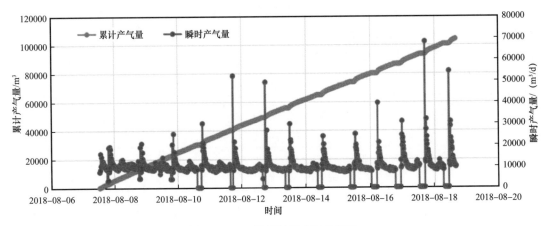

图 6-3-15 柱塞气举产气曲线图

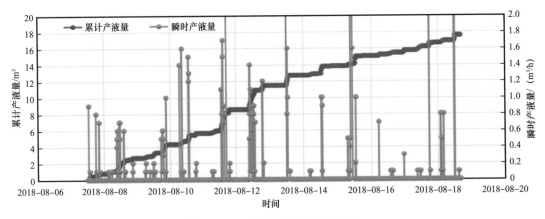

图 6-3-16 柱塞气举产液曲线图

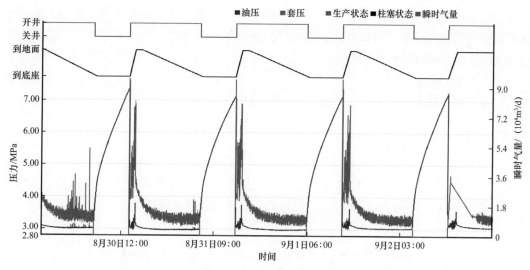

图 6-3-17　柱塞到达曲线

第四节　集约型柱塞气举技术及应用

一、技术介绍

集约型柱塞是常规柱塞的一种特殊工艺形式，在工艺流程、井口设备、井下工具、投放方式等方面具有优化或集成的特征，是致密气藏效益开发方案中一项重要的技术储备，对致密气藏降本增效、持续高效稳产具有重要的价值和意义。

1. 技术应用背景

常规柱塞工艺应用过程中有三方面需要改进的地方。

（1）井口工序复杂，流程恢复时间长。常规柱塞井口需要配套拆卸、吊装、焊接、探伤、流程恢复等 7 项工序，1 口井平均井口作业时间超过 3 天。

（2）钢丝作业繁复，节流器打捞失效影响柱塞投放。柱塞井投放前需要通井、打捞节流器、再通井、投放柱塞坐落器，目前节流器打捞成功率仅有 74%，一部分备选井因节流器打捞失效，影响柱塞井下工具的投放。

（3）井口多个控制阀门功能重叠，且缺乏远程控压开井条件。气井投产初期配备了手动调压针阀、电磁阀，柱塞措施后，又新增薄膜阀，阀门部分功能重复。薄膜阀只能全开全关，无法远程控制调节开度，不具备高压开井条件。

2. 柱塞工艺简化方式

（1）采用单管排液集气模式、集约型柱塞井口防喷管及配套装置，并且将井口远程控制阀与井口手动调压阀功能集成，柱塞井口无须动火恢复流程，实现措施后快速恢复生产。

（2）采用节流器—预置工作筒—柱塞一体化井下工具，能够在打捞节流器后，利用预置工作筒作为柱塞底座，投放柱塞直接生产，减少钢丝作业的频次，实现气井节流器生产与柱塞排液两个采气阶段的快速接替。

（3）智能间歇生产井直接安装集约型柱塞防喷装置及井下工具，形成柱塞技术快速应用模式，更便于柱塞工艺推广，大幅降低措施成本。

二、技术特点

集约型柱塞技术是在常规柱塞技术的基础上，基于气井开发全生命周期考虑，按照装置融合＋工具简化＋工艺优化的思路，形成更加适合致密气藏效益开发的技术。工艺流程分别如图 6-4-1 和图 6-4-2 所示。集约型柱塞主要技术思路如下：

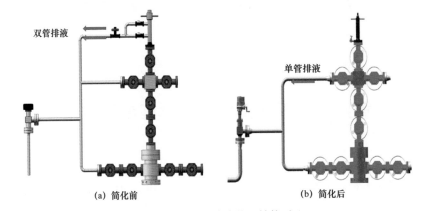

（a）简化前   （b）简化后

图 6-4-1　简化单管井口结构对比

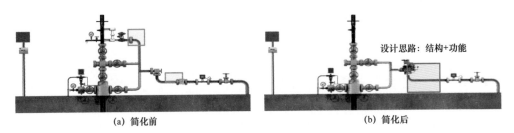

（a）简化前   （b）简化后

图 6-4-2　集约型柱塞井口控制阀门对比

（1）防喷管简化：将原防喷管双管排液通道简化为采气树 6# 阀通道排液，防喷管高度由原先的 1.08m 缩短至 0.3m，承压等级保持 25MPa 不变，简化后的防喷管内部采用高弹性硬质橡胶替代钢制弹簧，防止弹簧疲劳脆裂失效。

（2）控制阀融合：将井口薄膜阀与井口手动调节阀合制为一体，并安装在手动调节阀处，不仅能够实现控制柱塞井的开关，也兼具井口调压的作用，实现"二阀合一"；该控制阀不仅能够实现井口调压，也能够保证柱塞连续稳定举液，从而降低了井口超压的风险。

（3）节流器预置工作筒一体化适配：从气井全生命周期工艺设计，将多级紊流密封柱塞及其井下坐落器（缓冲器）简化为双向自缓冲柱塞＋节流器预置工作筒卡座，最大限度利用已入井工具的机械结构特点，研发简化适配、通用的井下卡座工具，可实现免钢丝井口丢手投放作业（图 6-4-3）。

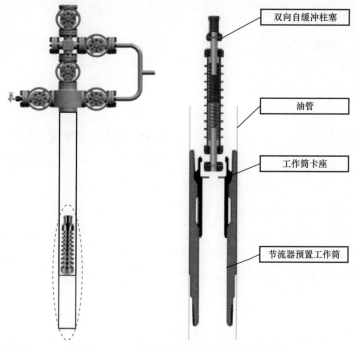

双向自缓冲柱塞

油管

工作筒卡座

节流器预置工作筒

图 6-4-3 井下预置工作筒支撑示意图

优势：集约型柱塞基于气井开发全生命周期，是柱塞排水采气工艺的特殊形式，与常规柱塞防喷管相比，技术参数不变，设备及工具的成本能够减少 40%。图 6-4-4 为常规柱塞与集约型柱塞成本对比图。图 6-4-5 为常规柱塞与集约型柱塞井口工艺流程对比图。

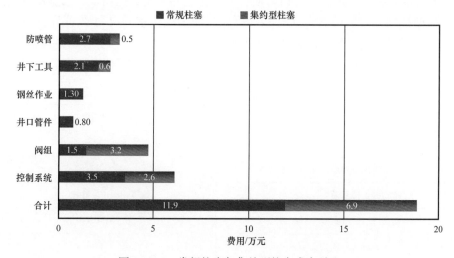

图 6-4-4 常规柱塞与集约型柱塞成本对比

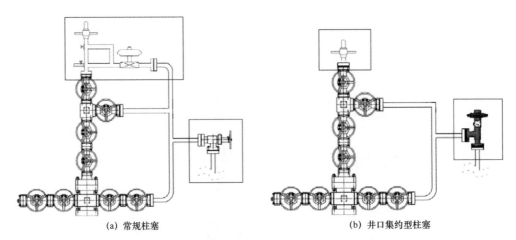

图 6-4-5　常规柱塞与集约型柱塞井口工艺流程对比

（4）选井原则：

① 产液量小于 30m³/d。

② 初期能够产气，剩余潜力较大的积液气井（日产气量不低于 3000m³）。

③ 气井油管具有预置式工作筒或全通径结构。

④ 井口集输压力不超过 6MPa。

⑤ 井深小于 5000m。

⑥ 气井油套连通性较好。

三、装置介绍

1. 井口防喷管

如图 6-4-6 和图 6-4-7 所示，集约型柱塞技术的一个重要特点就是井口防喷管简化。从装置组成来说，常规柱塞井口防喷管内包含缓冲弹簧、撞击块、捕捉器、到达传感器等，集约型柱塞井口防喷管内包含缓冲橡胶、撞击块。表 6-4-1 为柱塞井口工艺参数统计。从排液流程来说，常规柱塞井口为双管排液，其中控制膜阀在双管主通道安装，集约型柱塞改为气井井口单通道排液，控制膜阀安装在井口原针阀位置。

表 6-4-1　柱塞井口工艺参数统计

捕捉头材质	60SI2Mn
捕捉头内径	33mm
铜螺母材质	锡青铜
撞击杆材质	17−4PH
丝杆螺纹	Tr30×4LH
捕捉头行程	80mm
捕捉头壁厚	3mm

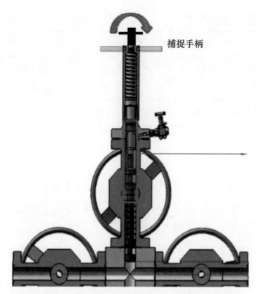

捕捉手柄

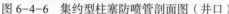

图 6-4-6　集约型柱塞防喷管剖面图（井口）　　图 6-4-7　集约型柱塞防喷管捕捉示意图（井口）

2. 井口控制阀

集约型柱塞工艺配套的重要装置为控制阀，包括角式膜阀和电动阀，如图 6-4-7 和图 6-4-8 所示。

图 6-4-7　配套角式膜阀示意图（井口）　　图 6-4-8　配套电动阀示意图（井口）

由于井口工艺简化，实现"一省一替"：省去井口针阀，角式阀替代直通阀，从而双管排液控制阀和井口针阀合二为一，合制为角式薄膜阀，仍然使用环空套管气源。另一种控制阀为电动阀，依然是"二阀合一"工艺，只是驱动方式有所差别，电动阀采用直流 / 交流电驱，电压有 12V、24V 直流电，也适配 115V、230V 交流电。具体见表 6-4-2。

表 6-4-2　柱塞井口工艺参数统计

井口类型	排液通道	承压 /MPa	工作温度 /℃	开关井控制	包含附件
常规柱塞	防喷管双管	≥35	−10～232	直通薄膜阀	缓冲弹簧、撞击块、捕捉器、到达传感器
集约型柱塞	井口集气单管	≥35	−40～232	角式膜阀 / 电动阀	缓冲橡胶、撞击块

3. 井下工具

与常规柱塞工具相比，集约型柱塞工艺另一个重要的变化就是井下工具。常规柱塞井下工具一般有卡定器、缓冲弹簧和柱塞。而集约型柱塞井下工具有预置工作筒卡座和双向自缓冲柱塞。这样的变化具有"一省一集成"的好处：由于集约型柱塞工艺多选择安装有预置工作筒的气井，且原柱塞卡定器下井深度与预置工作筒相比仅 10m 左右，所以省去卡定器，用预置工作筒 + 配套卡座替代卡定器。另外，将井口防喷管内的弹簧与井下缓冲弹簧集成在柱塞内，形成双向自缓冲柱塞工具，见表 6-4-3。

表 6-4-3　柱塞井下工具统计

类型	主要工具 1			主要工具 2			主要工具 3		
	限位器	投放坐封方式	打捞解封方式	缓冲弹簧	投放坐封方式	打捞解封方式	柱塞	投放方式	打捞方式
常规柱塞	接箍支撑 /卡瓦锚定	钢丝下击	钢丝上提	缓冲弹簧	钢丝下击	钢丝上提	柱状	钢丝 /丢手	钢丝 /井口捕捉器
集约型柱塞	预置工作筒卡座	井口丢手	钢丝上提	—	—	—	双向自缓冲柱塞	钢丝 /丢手	钢丝 /强磁杆

1）预置工作筒卡座

预置工作筒是在投产前与油管一同下入的一种井下工具，是在气井投产配套预制式节流器而设计，如图 6-4-9 和图 6-4-10 所示，当气井不需要节流生产时，就可以从预置工作筒中将节流器捞出，在实施集约型柱塞措施时再投入预置工作筒卡座，使得卡座坐封在原节流器的位置，起到限位保护柱塞的作用。

中心通道ϕ24mm

图 6-4-9　预制式节流器示意图

2）双向自缓冲柱塞

如图 6-4-11 所示，双向自缓冲柱塞将常规柱塞本体分隔为上下两个弹簧腔室，上腔室连接打捞头，下腔室连接下撞击头。上缓冲机构：柱塞上行至防喷管内起到上缓冲作

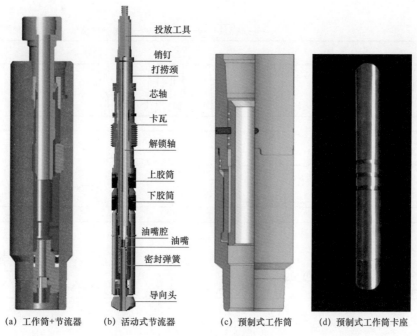

(a) 工作筒+节流器　　(b) 活动式节流器　　(c) 预制式工作筒　　(d) 预制式工作筒卡座

图 6-4-10　预制工作筒结构及实物图

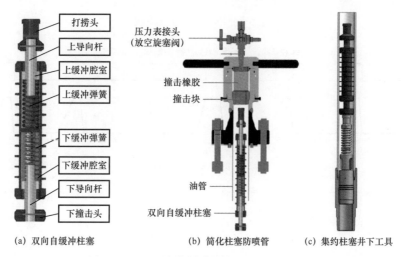

(a) 双向自缓冲柱塞　　　　(b) 简化柱塞防喷管　　　(c) 集约柱塞井下工具

图 6-4-11　双向自缓冲柱塞及井口井下缓冲

用。下缓冲机构：柱塞下落至井下坐落器起到下缓冲作用。双向自缓冲柱塞的设计集成了防喷管内弹簧和井下坐落器弹簧，简化了工艺，拓宽了柱塞的工艺应用范围。

四、技术应用

在苏里格气田试验 1 号井应用集约型柱塞，该井于 2018 年投产，动态分类为 Ⅲ 类井，在安装并投运后，试验前产气量 $0.3 \times 10^4 \mathrm{m}^3/\mathrm{d}$，试验后产气量 $1.3 \times 10^4 \mathrm{m}^3/\mathrm{d}$，增产效果明显，柱塞上行平均速度 2.6m/s，理论速度范围 1.8～2.7m/s。气井生产情况和柱塞运行压力曲线如图 6-4-12 和图 6-4-13 所示。

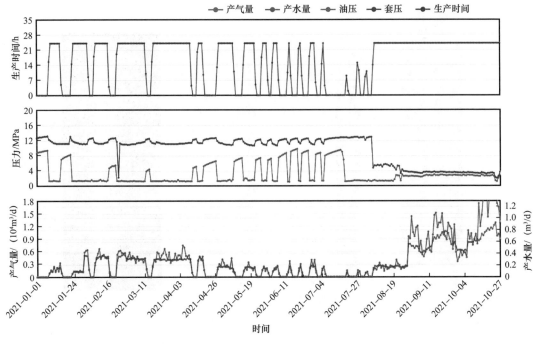

图 6-4-12　生产情况曲线

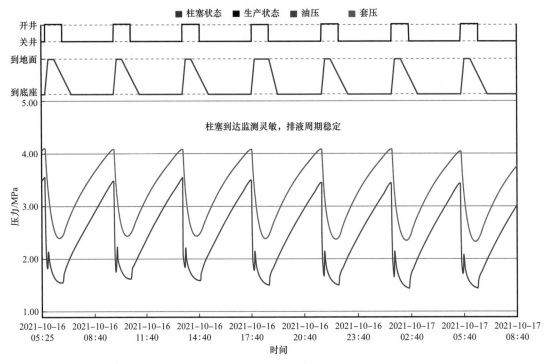

图 6-4-13　柱塞运行压力曲线

第五节　2in 连续油管柱塞气举技术及应用

一、2in 连续油管（速度管柱）与柱塞气举排水采气工艺应用情况

速度管柱排水采气工艺具有工艺简单实用、一次性投入、排水采气效果稳定明显、其间基本不需要技术人员介入即可实现良好的排水采气效果等优点，近年来在长庆油田气区范围内获得广泛认可，是超低渗透气田低成本开发的主体技术之一。

但通过前期的研究和规模推广，也发现了该工艺的适用范围相对较窄，难以以一种工艺解决气井全生命周期内的排水采气问题，当气井产量降低到其临界携液流量之下时，将很难再体现排水采气效果。

柱塞气举工艺也是目前长庆油田低渗透气田的主体排水采气措施之一，具有成本低、智能化程度高、适用范围广的优点。如果能够将速度管柱与柱塞气举相结合，形成速度管柱＋柱塞复合排水采气工艺技术，将能够在一定程度上继续拓展速度管柱排水采气工艺的适用下限，为气田稳产探索一条新的全生命周期解决途径。

二、2in 连续油管柱塞气举技术

2in 连续油管（速度管柱）与柱塞气举技术结合，前期完井采用 2in 连续油管作为生产管柱，底部配套生产节流器，后期节流器嘴打掉后作为柱塞运行限位器，井口配套柱塞气举装置。

1. 技术特点

前期采用节流器生产、中期速度管柱排液生产（无须人工管理）、后期柱塞气举排液生产（免钢丝投放坐落器，可应用至气井废弃），实现气井全生命周期高效排液[127]。气井初期安装速度管柱，节省常规油管，应用成本较常规气井开发未增加（图 6-5-1 和图 6-5-2）。

2. 选井条件

速度管柱工艺本身对其他工艺的复合适应性较强，仅对气井产能有一定要求，因此，只需在选井时，选用产能较好、符合速度管柱工艺适用条件的气井即可。

针对已实施 2in 连续油管完井的生产气井，优先选择：

（1）新安装气井，采用 KQ46-70 或安装有井口衬管的 KQ52-35 采气井口，柱塞易到达，管柱内壁毛刺突出较低（管材优化）。

（2）未安装节流器井，或者可打掉节流气嘴的预置式节流器，不需要打捞节流器。

（3）气井生产有积液，能够尽早应用柱塞气举技术，发挥柱塞举液作用的气井。

3. 配套装置

选定的井口采气树为 KQ46-70 或 KQ52-35，现有井口防喷管 $2\frac{3}{8}$in 规格、控制系统

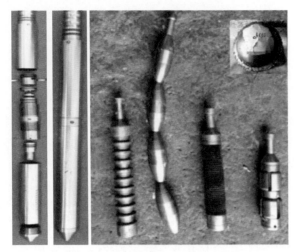

图 6-5-1　多功能节流器及柱塞

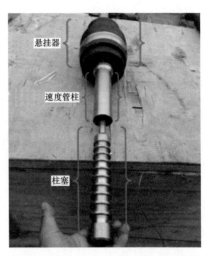

图 6-5-2　连续油管柱塞工具配套

能满足现场使用要求，所以井口防喷管、控制系统应用现有成熟工艺技术，井口承接装置、各类柱塞、井下卡定缓冲器需要改进。

1）防喷管及承接衬管

防喷管结构如图 6-5-3 所示。根据选定的采气树规格，防喷管利用现场已成熟使用的 $2\frac{3}{8}$in 柱塞排水采气装置的防喷管系统，采用机械式捕捉器即可完成柱状柱塞、刷式柱塞的捕捉。同时因为柱塞重量轻、长度短、检修维护周期较长，现场操作难度较低，仅需拆开防喷帽投入柱塞即可。

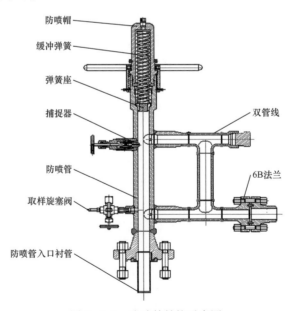

图 6-5-3　防喷管结构示意图

针对安装 KQ52-35 的采气井口，内径通道为 ϕ52mm，为了减少柱塞到达井口采气树、防喷管时液体的滑落，需将内径通道尺寸减小。采用在采气树内径通道中增加衬管的方法可以达到目的，防喷管直接以 $2\frac{3}{8}$ in 规格柱塞排水采气装置为模板进行改进，主要由以下几部分组成：

（1）将 $2\frac{3}{8}$ in 柱塞排水采气装置防喷管原内孔 $\phi54mm$ 改为 $\phi45mm$，入口处增加柱塞进入引导衬管，结构如图 6-5-4 所示。

（2）采气树垂直闸阀间的变径受阀门闸板的影响，承接衬管承接以分段组合方式实现。$4^{\#}$ 闸阀与 $7^{\#}$ 闸阀间承接管，如图 6-5-5 所示；$4^{\#}$ 闸阀与 $1^{\#}$ 闸阀间承接管，如图 6-5-6 所示；油管挂与 $1^{\#}$ 闸阀间承接管，如图 6-5-7 所示。

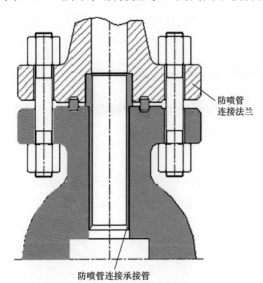

图 6-5-4　柱塞引导衬管安装示意图

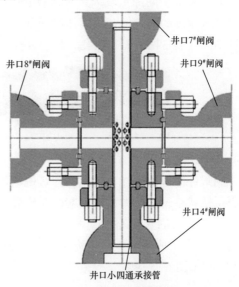

图 6-5-5　$4^{\#}$ 闸阀与 $7^{\#}$ 闸阀间承接管安装示意图

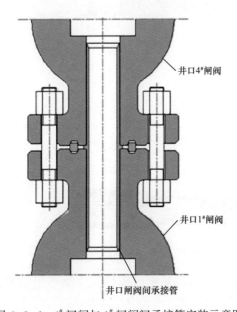

图 6-5-6　$4^{\#}$ 闸阀与 $1^{\#}$ 闸阀间承接管安装示意图

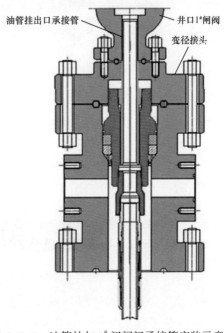

图 6-5-7　油管挂与 $1^{\#}$ 闸阀间承接管安装示意图

2）柱塞

2in 连续油管柱塞气举技术目前国外没有应用，通过前期探索研究和室内评价实验，对 4 种不同结构柱塞进行了密封实验测试，确定了刷式和柱状两种类型柱塞以及柱塞密封尺寸，对于 2in 连续油管柱塞气举的适用性较好。

（1）柱状柱塞。

为了保证柱塞上下运行通畅，柱塞与管柱内壁环空有一定的间隙量，由于速度管柱内孔焊缝的影响，间隙量较大，液体存在一定滑落。考虑到柱状柱塞结构简单、运行可靠，只要选取合理的间隙值，使液体滑脱率最小化，即可达到排液的效果。经过通过性测试和验证不同井场带回的管柱内孔，柱塞外径取最大值 ϕ39mm（图 6-5-8）。

图 6-5-8　柱状柱塞实物图

（2）刷式柱塞。

刷式柱塞外圆装配有专用的弹簧刷滚尼龙丝，不仅可以克服管柱内孔焊缝的影响，还克服了柱状柱塞间隙太大的弊端，对出砂井效果较好。柱塞总长度受弹簧刷滚制造工艺的影响，弹簧滚尼龙丝外径应尽量接近管子内孔尺寸 ϕ42.8mm，可以根据靠自重下落的原则选取。经过通过性测试和验证不同井场带回的管柱内孔，柱塞弹簧刷滚外径取最大值 ϕ41.0mm（图 6-5-9）。

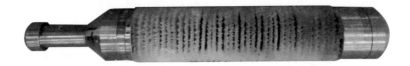

图 6-5-9　刷式柱塞实物图

3）井下缓冲器

为了保证柱塞下落到井底撞击的安全性和柱塞的使用寿命，计划安装井下缓冲器。

（1）针对未安装节流器的气井，设计井下缓冲器采用提前预置在速度管柱底端的方法，避免后序作业的难度。采用速度管柱底端先装入缓冲器进行滚压，然后装入堵塞器再进行滚压的工艺将管柱下入井筒。井下缓冲器实物图如图 6-5-10 所示。

图 6-5-10　井下缓冲器实物图

选取矩形弹簧，对柱塞起到缓冲及定位作用，同时能足够吸收柱塞下落产生的冲击力。为了保证下接头与连续油管连接的可靠性，采用滚压的方式使连续油管部分配合端缩径变形，达到固定缓冲器的目的。考虑在柱塞下落到达冲击缓冲器的情况下，采用滚压方式能够防止工具滑脱。

（2）对于安装预置式节流器的连续油管完井气井，通过结构设计及可溶材料应用，可实现节流气嘴在设定井底压力条件下自动脱落，遗留工具保持较大通径，满足后期无阻生产及排水采气作业需求，剩余部分可作为柱塞气举的井下坐落器。通过柱塞对井下缓冲器的冲击力校核，采用节流器作为柱塞井下缓冲器理论上是安全的。井下缓冲器如图 6-5-11 所示。

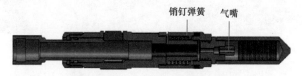

图 6-5-11　井下缓冲器示意图

4）控制系统

根据调研，目前气田应用柱塞气举技术已较为普遍，技术成熟，应用效果显著，控制系统控制功能先进、远程控制稳定。考虑生产井柱塞气举技术运行的可靠性与远程控制时控制界面的统一性，控制系统能够实现远程自动控制、异常报警等功能需求，同时具备满足远程传输需要的通信接口和通信协议，能够接入气田柱塞气举服务器平台，具体根据连续油管生产井柱塞气举技术特点需要进行功能扩展。

5）电动控制阀门

由于连续油管完井的气井使用时间最长 2～3 年，投产时间短，压力恢复快，开井油压高，经调研选用电动控制阀，如图 6-5-12 所示，主要由阀体、推进器、电动驱动器等组成，具有自动开关井、能控制开度、流量远程调节、针阀与气动薄膜阀合一等功能，实现了远程控制阀门的开启、关闭功能。

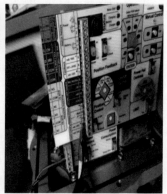

图 6-5-12　电动控制阀实物图

三、2in 连续油管柱塞气举技术应用

以长庆气田 2in 连续油管柱塞气举技术应用为例，目前现场开展了 10 口连续油管井柱塞气举试验，采用柱塞气举措施后举液及增产效果明显，运行稳定。

图 6-5-13　井口防喷系统、电动阀安装

其中，试验井靖 × 井前期受积液影响，产气量 0.55×10⁴m³/d，2021 年 8 月采用柱塞气举措施后增产效果明显，措施后增产气量 0.29×10⁴m³/d，柱塞运行平稳，试验效果验证了 2in 连续油管柱塞气举技术可行性。运行前后数据对比见表 6-5-1，运行曲线如图 6-5-14 所示，运行数据见表 6-5-2。

表 6-5-1　靖 × 井措施前后生产数据对比

工艺措施	油压 /MPa	套压 /MPa	油套压差 /MPa	产气量 /（10⁴m³/d）	增产气量 /（10⁴m³/d）	累计增产气量 /10⁴m³
人工间歇	1.40	7.63	6.23	0.55	0.29	25.47
柱塞气举	2.25	3.93	1.68	0.84		

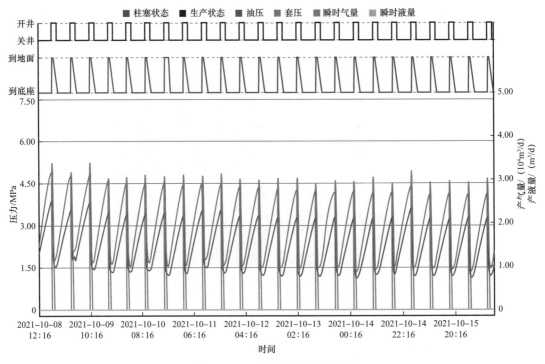

图 6-5-14　柱塞气举运行曲线

表 6-5-2　柱塞气举运行数据

开井油压/MPa	上行时间	续流时间	关井时刻	关井套压/MPa	关井油压/MPa	生产时间	关井时间	周期时间	悬停时间	柱塞速度/(m/min)
4.826	00:11:14	05:48:46	2021-10-05 19:58:37	4.377	3.115	06:00:00	06:00:00	12:00:00	01:13:03	270.1
4.850	00:12:12	05:47:48	2021-10-05 07:58:37	4.347	3.096	06:00:00	06:00:00	12:00:00	02:11:36	248.7
4.918	00:10:16	05:49:44	2021-10-04 19:58:37	4.415	3.120	06:00:00	06:00:00	12:00:00	02:21:00	295.5
4.920	00:10:51	05:49:09	2021-10-04 07:58:37	4.371	3.185	06:00:00	06:00:00	12:00:00	01:07:13	279.6
4.845	00:12:18	05:47:42	2021-10-03 19:58:37	4.433	3.265	06:00:00	06:00:00	12:00:00	02:03:27	246.7
4.877	00:10:54	05:49:06	2021-10-03 07:58:37	4.309	2.938	06:00:00	06:00:00	12:00:00	02:16:58	278.3
4.943	00:10:31	05:49:29	2021-10-02 19:58:37	4.411	3.182	06:00:00	06:00:00	12:00:00	01:21:41	288.5
4.958	00:10:52	05:49:08	2021-10-02 07:58:37	4.409	3.252	06:00:00	06:00:00	12:00:00	01:04:23	279.2
4.835	00:11:18	05:48:42	2021-10-01 19:58:37	4.387	3.275	06:00:00	06:00:00	12:00:00	00:59:12	268.5
4.899	00:10:07	05:49:53	2021-10-01 07:58:37	4.246	2.944	06:00:00	06:00:00	12:00:00	02:42:14	299.9
4.745	00:12:01	05:47:59	2021-09-30 19:58:37	4.286	3.031	06:00:00	06:00:00	12:00:00	02:20:00	252.5
4.831	00:10:37	05:49:23	2021-09-30 07:58:37	4.240	2.837	06:00:00	06:00:00	12:00:00	02:52:14	285.8
4.875	00:10:49	05:49:11	2021-09-29 19:58:37	4.289	2.911	06:00:00	06:00:00	12:00:00	02:34:39	280.5
5.033	00:09:00	05:51:00	2021-09-29 07:58:37	4.306	2.892	06:00:00	06:00:00	12:00:00	02:40:35	337.1
4.924	00:12:12	05:47:48	2021-09-28 19:58:37	4.365	3.216	06:00:00	06:00:00	12:00:00	01:02:51	248.7
4.896	00:12:32	06:47:28	2021-09-28 07:58:37	4.466	3.253	07:00:00	07:00:00	13:00:00	01:05:38	242.1
4.891	00:12:32	06:48:12	2021-09-27 18:58:37	4.459	3.224	07:00:00	07:00:00	13:00:00	01:01:37	257.1

第六节　组合生产管柱井柱塞气举技术及应用

一、组合生产管柱井介绍

1. 气井生产管柱介绍

气田开发过程中，考虑到不同工艺应用，气井生产管柱具有多样性，组合生产管柱采用两种不同尺寸的油管组合生产，如图 6-6-1 所示，常用的组合生产管柱结构上部为 $3\frac{1}{2}$ in 油管，下部为 $2\frac{7}{8}$ in 油管。

2. 气井生产情况

组合生产管柱气井由两种油管尺寸组成，气井正常携液生产的流量由大尺寸管柱决

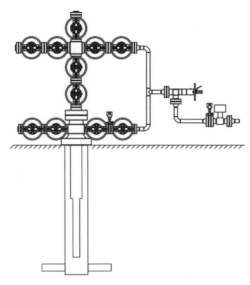

图 6-6-1　组合生产管柱气井井筒结构

定，当产气量小于大管柱临界携液流量后，气井开始出现积液，需要采取排水采气措施维持气井稳定生产。常用的泡沫排水、速度管柱技术能够满足组合生产管柱应用需求，但技术应用存在下限，无法满足长期应用需要。

前期采用速度管柱技术，后期再配套柱塞气举技术生产能够解决气井生产积液问题，但应用费用包含两种技术费用总和，经济性较差。

组合生产管柱井直接采用柱塞气举技术，由于存在两种结构管柱尺寸，柱塞只能在上部大油管中运行，而积液主要集中在下部小油管中，因此无法实现有效排液，现用的柱塞气举技术不满足常规柱塞气举技术适用条件，需要针对组合生产管柱特殊情况进行技术设计，以满足应用条件。

二、组合生产管柱气井柱塞气举技术

1. 技术特点

组合生产管柱气井柱塞气举技术将柱塞设计为两段，应用两级不同尺寸柱塞，依据接力密封排液原理实现柱塞举液运行，两段组合在一起可以在 $3\frac{1}{2}$in 管柱段运行，一段可单独在 $2\frac{7}{8}$in 管柱段运行，两段依靠连接机构实现柱塞在变径处的组合和分离，如图 6-6-2 所示。

柱塞限位工具下至下部小油管内设计深度，柱塞上行时满足在下部小油管和上部大油管中的有效密封与举升，柱塞举升参数如最大套压、最小套压、工作周期数等的确定与常规柱塞举升基本相同。

上部柱塞为空心结构，只在上部大油管中举液运行，小柱塞在小油管中将积液举升至大油管后，液体从大柱塞中间通过后与大柱塞相连接，形成接力柱塞实现对大柱塞中心通道密封，连接柱塞在气井能量推动下实现柱塞气举排液；关井后连接柱塞下落至油管连接处时在撞击力作用下两个柱塞分离，大柱塞停留在大油管中，小柱塞落入井底限位工具上。

运行周期开始，两段柱塞依靠连接体组合到一起，当柱塞依靠重力下落至管柱变径处，柱塞依靠下落冲击力，使连接体的弹性爪收缩，两段柱塞分离，$2\frac{7}{8}$in 柱塞段柱塞继续下行至卡定器位置；开井生产后，地层流体推动 $2\frac{7}{8}$in 段柱塞上行，到达管柱变径处时，柱塞依靠上冲力，使连接体的弹性爪收缩，与 $3\frac{1}{2}$in 段柱塞组合到一起，上行至井口防喷管处，气体连续不断地进入生产管线实现排液采气，直到下一个周期开始，柱塞从防喷管处依靠重力下行。图 6-6-3 为柱塞在井筒中运行原理示意图。

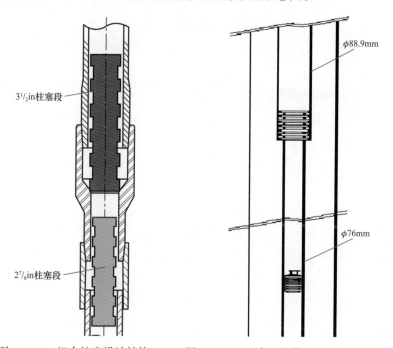

图 6-6-2　组合柱塞设计结构　　　图 6-6-3　组合生产管柱柱塞气举运行原理图

2. 选井条件

针对组合生产管柱完井的生产气井，优先选择：

（1）组合管柱结构为上部管柱尺寸大于下部，上部采用大柱塞，下部为小柱塞。

（2）管柱中部无缩径。

（3）采气树主通径与上部大管柱内径相配套，满足大柱塞通过和举液密封条件。

3. 配套装置

组合生产管柱柱塞气举装置与常规柱塞气举装置配套主要区别为密封柱塞，井下限位器、井口防喷管、捕捉器、控制系统与常规柱塞气举技术应用相同，参考柱塞气举设计部分应用，捕捉器选取时与大柱塞尺寸相配套。

以 $3\frac{1}{2}$in—$2\frac{7}{8}$in 组合柱塞（图 6-6-4）为例，对密封柱塞结构及功能介绍如下：

柱塞分为两段，一段外径 $\phi74$mm，一段外径 $\phi60$mm，运行周期开始，两段柱塞依靠

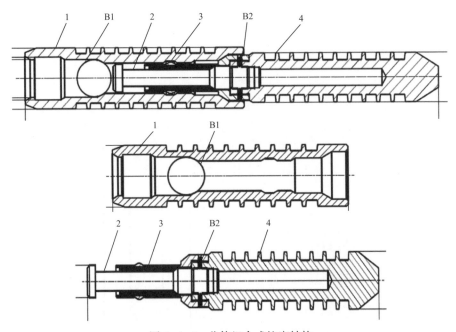

图 6-6-4　分体组合式柱塞结构

1—3$\frac{1}{2}$in 柱塞本体；2—打捞头；3—连接体；4—2$\frac{7}{8}$in 柱塞本体；B1—钢球；B2—弹性圆柱销

连接体组合到一起，当柱塞依靠重力下落至管柱变径处，柱塞依靠下落冲击力，使连接体的弹性爪收缩，两段柱塞分离，ϕ60mm 段柱塞继续下行至卡定器位置；开井生产后，地层流体推动 ϕ60mm 段柱塞上行，到达管柱变径处时，柱塞依靠上冲力，使连接体的弹性爪收缩，与 ϕ74mm 段柱塞组合到一起，上行至井口防喷管处，气体连续不断地进入生产管线，直到开始下一个周期柱塞从防喷管处依靠重力下行。

三、技术应用

G×× 井为一口组合生产管柱气井，2018 年 5 月 19 日至 9 月实施柱塞气举试验，生产动态曲线如图 6-6-5 所示，气井累计产气 $378.30 \times 10^4 m^3$，平均日产气 $3.53 \times 10^4 m^3$，日增气量 $1.52 \times 10^4 m^3$，气井生产平稳，柱塞气举运行正常，达到柱塞排采目的。

根据实测数据形成产气曲线，如图 6-6-6 所示，气井产量按照柱塞气举运行规律统计，柱塞运行 101 天累计产气 $378.30 \times 10^4 m^3$，平均日产气 $3.53 \times 10^4 m^3$，气井生产平稳，柱塞气举运行正常。

根据实测数据形成产液曲线，如图 6-6-7 所示，气井间歇性出液，产液量主要为 $0.12 \sim 0.35 m^3/d$，柱塞运行 110 天累计产液 $23.57 m^3$，平均日产液 $0.22 m^3$，表明柱塞气举能够有效排除井筒积液，保持气井稳定生产。

柱塞到达分析：提取 2019 年 8 月柱塞到达数据，如图 6-6-8 所示，柱塞气举井生产制度为开井 22.5h，关井 1.5h，共计举升次数 31 次，柱塞到达 28 次，柱塞到达捕捉成功率为 90%。

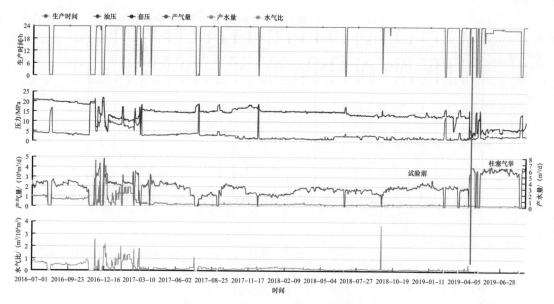

图 6-6-5　柱塞气举试验生产动态曲线

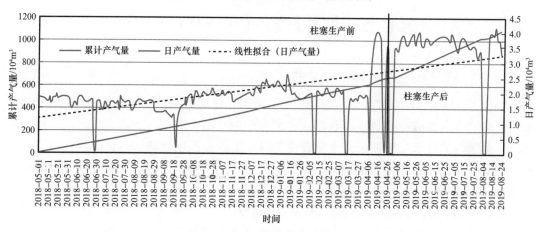

图 6-6-6　柱塞气举产气曲线图

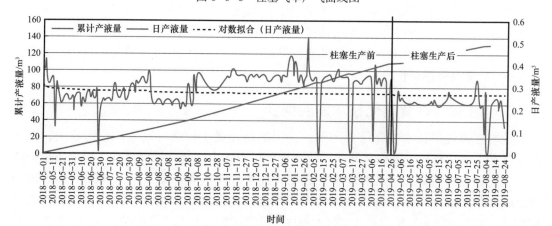

图 6-6-7　柱塞产液曲线图

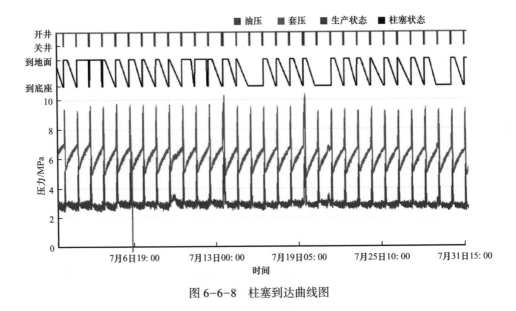

图 6-6-8　柱塞到达曲线图

第七节　智能柱塞气举技术及应用

一、柱塞气举技术智能化需求

柱塞气举技术现已在长庆、西南、新疆、海南、辽河等油气田规模应用 7000 余口井，成为低渗透致密气藏稳产的核心利器。技术应用中，随着应用井数增多，出现了有关问题，严重影响了技术应用效果，主要表现为对人工依赖程度较高，具体体现在以下三方面：一是随着生产延续，井场配套设备老化，会出现控制阀门损坏、传感器故障、网络掉线等 20 余项问题，需人工判识解决，判识工作量大，效率低；二是现用柱塞气举技术主要采用定时、定压控制模式，实现远程开关井间歇生产，需要人工分析每口气井生产动态设置运行制度，运行效果与技术人员的经验及制度合理性紧密相关，调参分析工作量巨大；三是柱塞井效果评价依靠人工定性评价，没有统一的、定量的措施评价标准。现阶段柱塞井以每年超过 1000 口井的速度快速增加，人工管理已无法满足气井精细化管理的需求，"井多人少"问题愈发严峻，因此急需开展柱塞气举智能化技术研究及应用，实现柱塞气举井智能高效控制管理。

二、柱塞气举智能化技术发展现状

针对柱塞气举技术存在管理问题，长庆油田开展了智能柱塞气举技术攻关，以智能化代替人工为目标，以柱塞井前期故障智能排查、中期制度智能优化、后期效果智能评价为思路，综合运用人工智能、大数据等技术，创新地开发了基于 IDTS（Intelligent Diagnostics of Trend and Shape，面向趋势和形态的智能诊断）模型的柱塞气举工况智能识别方法、基于智能微云架构的柱塞气举制度智能调控方法和基于卷积神经网络的柱塞气举效果智能评价方法三大核心模块，实现柱塞井人工管控向全面智能管控的转变；同时，构建了气井智能生产管控平台，方便嵌入各智能方法和接入气井数据，实现算法及气井的统一管控。

目前长庆油田柱塞气举井已实现全面智能化控制管理，在国内外处于领先水平，具体技术情况从柱塞工况智能诊断、智能优化、效果评价和控制平台功能几方面进行说明。

1. 柱塞气举工况智能识别方法

针对柱塞井故障判识及解决复杂问题，创新研制了基于 IDTS 模型的柱塞气举工况智能识别，借助人工智能和大数据分析技术，以柱塞气举运行趋势和运行形态为研究对象，采用数据异常处理、单参数异常智能识别、多参数异常智能识别、深度异常智能识别等技术，运用多尺度趋势分析、多元非线性分类等方法，构建了"趋势—形态—工况"模式的多维度工况智能诊断模型，深度挖掘工况特征，快速、准确识别工况类型，科学灵活制定处置对策。目前可识别 5 大类工况，24 种工况子类，返回 10 种处置方式，经人工核验和现场验证，准确率达 90%，方法运行框架如图 6-7-1 所示。

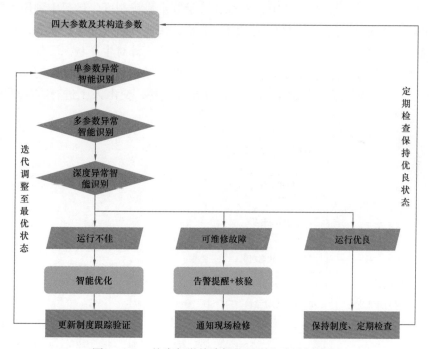

图 6-7-1 柱塞气举故障智能识别方法运行框架

IDTS 柱塞井工况智能识别包含单参数、多参数和深度异常识别技术。

某井采用故障智能识别结果如图 6-7-2 所示，识别套压趋势指数为 0.055，油压趋势指数为 -0.004，识别结果为套压异常上升、油压平稳。

该方法形成了以大数据分析为基础的柱塞井工况识别新模式，智能、准确地识别工况，减少人工工作量，同时排除无法进行智能调控的井，为后期智能调控提供前置参考条件和优化方向，提升智能调控的效率和效果。

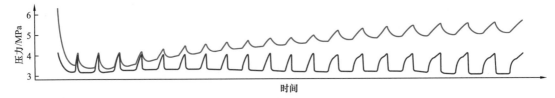

图 6-7-2　单参数异常识别应用示例

2. 柱塞气举智能调控方法

基于智能微云架构的柱塞气举制度智能调控，面向单井设立微云计算节点，结合柱塞气举工艺数字孪生技术，提炼多维度关键指标，构建了"采集—模拟—决策—调控"的柱塞参数闭环优化模块，智能决策、高效调控柱塞井生产制度，实现柱塞井实时调控的智能化、最优化。该方法应用后，使柱塞气举技术平均措施有效率由 75% 增加至 86%，方法应用取得显著效果，方法运行框架如图 6-7-3 所示。

在微云服务器上架构柱塞气举智能控制算法模型，利用储层模拟和井筒积液拟合，搭建模拟气井孪生生产情况，根据气井能量和积液量制定最优制度。运行中利用大数据拟合先对该井的井筒积液状态、压力恢复情况进行分析，快速判断气井生产状态，将气井生产状态分为不佳、良好、异常三类，并选择相应调控方法。针对生产状态不佳的气井，进入精细分析模块，在考虑地层供给的情况下，进行生产预测和最优制度的制定；针对生产状态良好的气井，不调整或略微调整制度；针对异常气井，交由人工进行方案调整和故障排查。

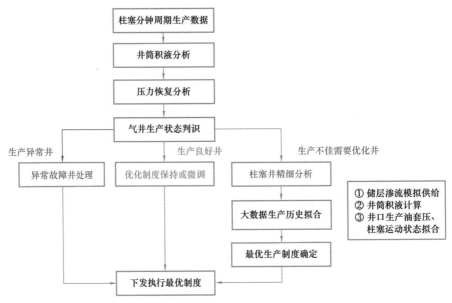

图 6-7-3　柱塞气举制度智能调控方法运行框架

在精细分析模块，创新地构建了针对不同分析目标的实时、短期、中期与长期分析控制算法，形成了多阶段、多目标的柱塞智能控制分析算法体系，通过不同算法的综合分析结果对柱塞井生产制度进行优化，并基于 Java 与 Python 混编技术，建立了能够合理、高效执行四种算法的算法体系后台服务器，实现了具有自感知、自适应特征的柱塞智能分析控制体系。

该方法针对致密气藏柱塞井建立了一套完善的专家体系，对柱塞气井进行自动、智能、最优调控，规避了因经验不足、经验不统一等造成的柱塞井生产制度不合理问题，最大限度保证气井安全、高效、稳定运行，提高柱塞工艺整体有效率。

3. 柱塞气举效果智能评价方法

基于卷积神经网络的柱塞气举效果智能评价，运用 CNN 网络、BP 神经网络、频谱分析、深度学习热图等方法，对生产数据分别在时域、频域上进行分析，构建了"采集—处理—分析—评价"的运行效果测试评价模式，综合考虑正常率评分、稳定运行时间评分、排液情况、产气量 4 项指标，智能评价柱塞井运行效果，方法经验证平均精度达到了88.9%，方法运行框架如图 6-7-4 所示。

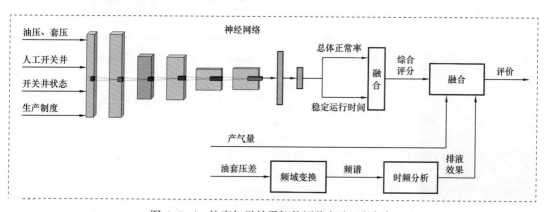

图 6-7-4　柱塞气举效果智能评价方法运行框架

模型性能评估与特征分析，采用卷积特征与热图分析评价（图 6-7-5）。

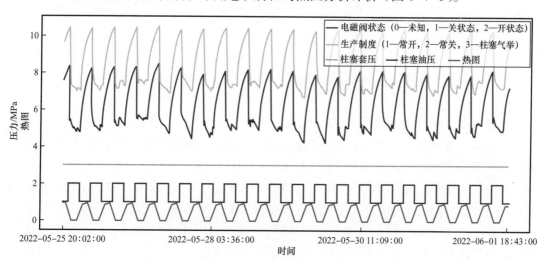

图 6-7-5　模型性能评估与特征分析

对一口例井运行情况进行评价，分别考虑正常率和运行时间重要参数的权重值对算法进行调整，考虑运行效果权重后该井运行评价打分为 0.86 分，为良好状态，考虑稳定运行时间权重后得分为 0.78，运行时间对效果有反向影响。

该方法针对柱塞井构建了一套运行情况智能评价体系，实现运行效果智能评分，制定了全方位、多角度的措施效果评价规则，使效果评价"有规可循"，规避人工经验不统一造成的评判误差，同时通过效果评价可暴露调控算法存在的问题，为算法完善提供方向。

4. 气井智能生产管控平台

气井智能生产管控平台是基于气井全生命周期生产管理和措施智能管控的需要，创新融合物联网、大数据、云服务等技术，开发形成的采气工艺在线"分析—预警—优化—调整"一体化管控中枢。

平台中接入了气田气井实时数据，实现数据的自动分析、统计，嵌入了气井智能算法，智能柱塞模块嵌入了柱塞气举工况智能识别方法、柱塞气举制度智能调控方法和柱塞气举效果智能评价方法，实现柱塞井全周期的智能管控（图 6-7-6）。

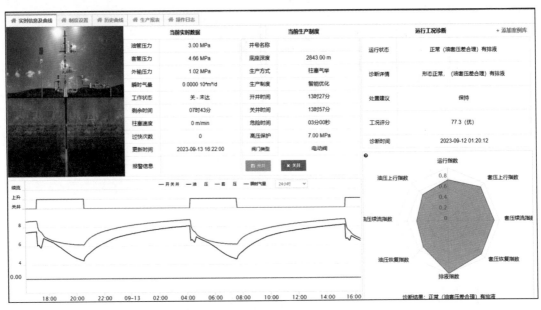

图 6-7-6　智能柱塞气举技术单井展示界面

柱塞气举工况智能识别模块应用 IDTS 模型的柱塞气举工况智能识别方法，实现柱塞井工况诊断、故障类型报表、可优化井推送智能优化、故障案例库等功能，诊断分析如图 6-7-7 所示。

柱塞气举制度智能调控模块应用微云架构下的智能柱塞气举调控方法，实现对柱塞气举井运行调参智能化设置调整，智能优化过程如图 6-7-8 所示。

如图 6-7-9 所示，柱塞气举应用效果评价模块应用卷积神经网络智能评价方法实现对柱塞气举应用后情况进行系统评价，形成系统全面智能化运行管理体系，保证气井高效稳定生产。

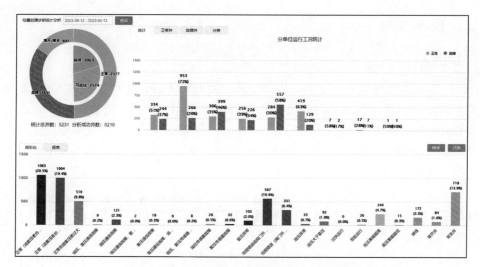

图 6-7-7　柱塞气举工况智能识别方法主界面

图 6-7-8　柱塞气举制度智能调控方法——制度设置界面

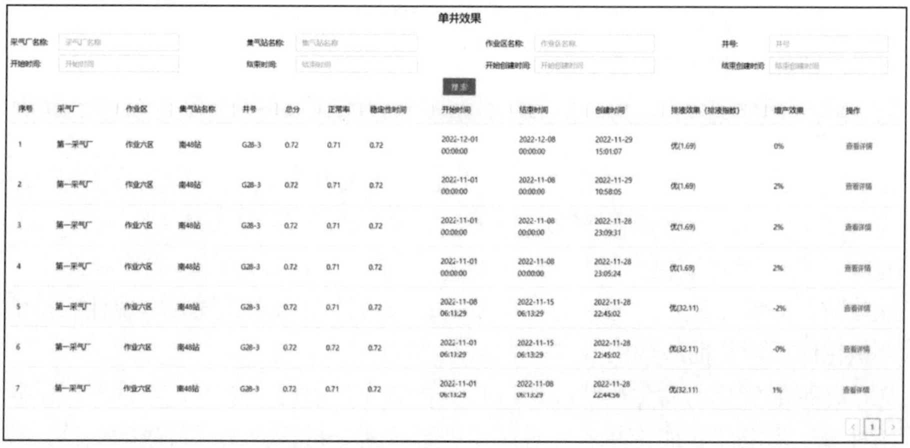

图 6-7-9　柱塞气举应用效果评价界面

三、技术应用

1. 案例1

双 22-A 井采用柱塞气举生产，控制模式为定时开关井，生产制度为开 4h 关 2h，能够实现气井稳定生产，气井瞬时产气量为 $0.55 \times 10^4 \mathrm{m^3/d}$，日产气量 $0.35 \times 10^4 \mathrm{m^3}$，气井油套压差 0.45MPa。将该井调整为智能优化模式后，智能控制模块根据气井储层能量和井筒积液状况数据分析，制定精确优化制度，优化后的开关井制度为开 4.6h 关 1.5h，智能优化前后对比曲线如图 6-7-10 所示。

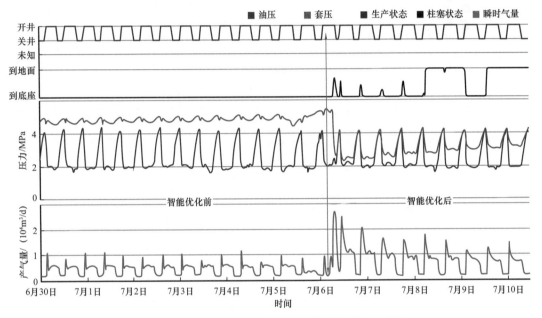

图 6-7-10 双 22-A 井柱塞气举智能优化井运行曲线

对比该井智能优化前后生产状况，应用智能控制方法优化后，气井瞬时气量达到 $1.2 \times 10^4 \mathrm{m^3/d}$，日产气量 $0.93 \times 10^4 \mathrm{m^3}$，较智能优化前提升 171%，气量增产突出；油套压差 0.1MPa，减小 0.3MPa，彻底排出井筒积液，实现气井有效排液的同时，显著增加气井产量，证明了智能优化技术调参准确性。

2. 案例2

苏东 51-A 井应用柱塞气举生产，采用定时开关井模式，生产制度为开 1h 关 10h，生产压差 4.2MPa，处于严重积液状态，气井瞬时产气量为 $0.25 \times 10^4 \mathrm{m^3/d}$，日产气量 $0.15 \times 10^4 \mathrm{m^3}$，且仅能间歇生产，柱塞气举生产异常。对该井应用智能控制技术，先进行故障智能诊断，故障处理后推送智能优化模式，采用智能优化后气井实现柱塞排液稳定生产，智能优化前后对比曲线如图 6-7-11 所示。

对比该井智能优化前后生产状况，该井在智能优化前已处于不正常柱塞气举状态，因此先采用柱塞气举故障智能诊断模块对该井进行诊断分析，得出运行故障结论，故障类型为"流程错误或阀门故障"，经确认柱塞气举生产流程正确，检查微电磁阀供气正常，微电磁阀内部堵塞，对电磁阀进行清洗和吹扫，安装后检测，微电磁阀恢复正常，检查薄膜阀密封情况，薄膜阀密封正常，气井故障解决，之后将柱塞井调整为智能优化模式。

运行智能优化后，气井由故障时的无正常运行制度开始进行优化，柱塞气举智能优化方法根据储层能量和井筒积液情况制定运行制度，运行 3 个周期后实现柱塞稳定排液运行，气井瞬时气量达到 $2.7 \times 10^4 \mathrm{m}^3/\mathrm{d}$，日产气量 $1.73 \times 10^4 \mathrm{m}^3$，较智能优化前提升数倍；油套压差 0.6MPa，减小 3.6MPa，有效排出井筒积液。智能柱塞气举技术实现气井故障智能诊断解决和优化制度从无制度到准确优化，技术应用效果显著。

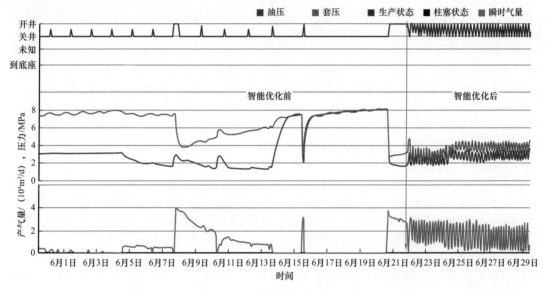

图 6-7-11　苏东 51-A 井柱塞气举智能优化井运行曲线

参 考 文 献

[1] 张百灵, 邬云龙. 川西致密砂岩气田采输技术论文集 [G]. 北京: 石油工业出版社, 2002.

[2] 宋玉斌, 祁英会, 张珑, 等. 塔里木盆地塔中气田速度管柱排水采气试验效果分析 [J]. 天然气地球科学, 2015, 26 (S2): 198-201.

[3] 郑新欣. 排水采气工艺方法优选 [D]. 东营: 中国石油大学 (华东), 2008.

[4] 刘伟伟. 凝析气井生产系统参数优化设计方法研究 [D]. 东营: 中国石油大学 (华东), 2009.

[5] 刘东. 超深井排水采气工艺方法研究 [D]. 东营: 中国石油大学 (华东), 2009.

[6] 尹国君. 气举排水采气优化设计研究 [D]. 大庆: 东北石油大学, 2012.

[7] 李希. 苏西产水井生产规律及排水采气适应性评价 [D]. 西安: 西安石油大学, 2020.

[8] 龙运辉. 苏里格气田排水采气新技术 [M]. 北京: 化学工业出版社, 2017.

[9] 秦明哲. 泡沫排水采气工艺技术的研究与应用 [D]. 大庆: 东北石油大学, 2011.

[10] 胡志昕. 中浅层气井排水采气工艺的研究与应用 [D]. 大庆: 东北石油大学, 2014.

[11] 廖玉辉. 泡沫排水采气工艺机理及影响因素 [J]. 石化技术, 2017, 24 (2): 84, 285.

[12] 任垒, 张艳淑, 张静, 等. 户部寨气田涡流排水采气技术先导试验 [J]. 石油工程建设, 2016, 42 (4): 58-61.

[13] 杨涛. 邛西须二气藏水侵机理研究 [D]. 成都: 西南石油大学, 2014.

[14] 冯朋鑫, 陆利平, 韩勇, 等. ERD-05g 新型泡排剂在苏48区块试验效果分析 [J]. 石油化工应用, 2010, 29 (6): 28-31.

[15] 冯朋鑫. 苏里格气田排水采气工艺技术研究 [D]. 西安: 西安石油大学, 2010.

[16] 高春阳. 井下气液分离旋流器结构与性能研究 [D]. 大庆: 大庆石油学院, 2008.

[17] 李文英. 油田低产气井排水采气技术研究与生产实践 [J]. 当代化工研究, 2018 (4): 45-46.

[18] 冯永兵. 苏里格气田东区排水采气工艺评价研究 [D]. 成都: 西南石油大学, 2015.

[19] 刘亚莉. 泡沫排水采气工艺及技术研究 [J]. 西部探矿工程, 2012, 24 (4): 63-65, 69.

[20] 李小龙, 鲜林云, 王维东, 等. 服役6年速度管柱性能研究 [J]. 焊管, 2021, 44 (4): 5-11.

[21] 钟晓瑜, 颜光宗, 黄艳, 等. 连续油管深井排水采气技术 [J]. 天然气工业, 2005 (1): 111-113, 217.

[22] 王东, 李岩, 刘炳森, 等. 苏里格南排水采气工艺技术应用及展望 [J]. 石油工业技术监督, 2017, 33 (9): 30-31, 43.

[23] 李鸿斌, 毕宗岳, 余晗, 等. 服役速度管柱性能分析 [J]. 焊管, 2015, 38 (3): 52-56.

[24] 虎琛, 陈奋华, 雍钊. 气井产水积液排失的现场方法研究 [J]. 辽宁化工, 2012, 41 (9): 963-964.

[25] 白晓弘, 赵彬彬, 杨亚聪, 等. 连续油管速度管柱带压起管及管材重复利用 [J]. 石油钻采工艺, 2015, 37 (3): 122-124.

[26] 袁玲. 采气方式选择及生产参数优化 [D]. 东营: 中国石油大学 (华东), 2009.

[27] 王遇冬. 天然气开发与利用 [M]. 北京: 中国石化出版社, 2011.

[28] 张洪涛. 天然气井布阀气举排水采气数值研究 [D]. 大庆: 东北石油大学, 2017.

[29] 张万兵. 东方1-1气田排水采气工艺研究 [D]. 西安: 西安石油大学, 2010.

[30] 刘炳森. 靖边气田气举排水采气工艺研究 [D]. 西安: 西安石油大学, 2014.

[31] 邵锐. 徐深气田火山岩气藏开发方案评价与优选 [D]. 大庆: 东北石油大学, 2011.

[32] 廉庆存. 油藏工程 [M]. 北京: 石油工业出版社, 2006.

[33] 王晓东. 天然气排水采气技术研究 [J]. 中国石油和化工标准与质量, 2012, 32 (S1): 89.

[34] 彭彩珍, 郭平, 杜建芬, 等. 边底水气藏提高采收率技术与实例分析 [M]. 北京: 石油工业出版社, 2015.

［35］粟超，魏磊，吴甦伟．机抽—速度管复合排水采气新工艺［J］．天然气工业，2019，39（11）：81-85.

［36］高利军．延长气田泡排剂选型和注入方法研究［D］．西安：西安石油大学，2015.

［37］曹彩云．苏里格气田苏48井区排水采气工艺研究［D］．西安：西安石油大学，2011.

［38］杨志，栾国华，梁政，等．机抽排水采气配套新技术的研究与应用［J］．天然气工业，2009，29（5）：85-88，142.

［39］韩长武．天然气井排水采气工艺方法优选［D］．西安：西安石油大学，2012.

［40］谷建东．Y29井区气藏富水状况分析及机抽排水工艺研究［D］．西安：西安石油大学，2019.

［41］曹宇，高小永，左信．柱塞气举井操作优化研究进展［J］．化工自动化及仪表，2022，49（2）：119-126.

［42］吴勇，伊向艺，卢渊．不关井连续生产柱塞气举技术研究［J］．内蒙古石油化工，2008（9）：3-4.

［43］刘玉章．采油工程技术进展［M］．北京：石油工业出版社，2006.

［44］殷庆国，刘方，贺杰新，等．柱塞气举排水采气工艺技术研究与应用［J］．石油机械，2018，46（9）：69-74.

［45］李安琪，等．苏里格气田开发论［M］．北京：石油工业出版社，2013.

［46］顾岱鸿．低渗气田采气工艺理论研究［D］．北京：中国地质大学（北京），2007.

［47］付利明．三站气田增产技术应用与研究［D］．大庆：东北石油大学，2017.

［48］田宝．柱塞气举排水采气工艺关键技术研究［D］．成都：西南石油大学，2015.

［49］周际永．不关井连续生产柱塞气举排水采气工艺研究［D］．成都：成都理工大学，2006.

［50］刘昶．神木气田气井生产特点分析及技术对策研究［D］．西安：西安石油大学，2018.

［51］吴勇．连续生产气举柱塞动力学模型研究［D］．成都：成都理工大学，2009.

［52］张凤东．柱塞气举动力学模拟研究［D］．成都：西南石油学院，2005.

［53］李新妍．定向井柱塞气举装置数值模拟及优化设计［D］．大庆：东北石油大学，2019.

［54］FOSS D L，GAUL R B. Plunger-lift Performance Criteria with Operating Experience-Ventural Avenue Field［C］. Drilling and Production Practice. OnePetro, 1965.

［55］HACKSMA J D. Users Guide to Predict Plunger Lift Performance［C］. Proceedings, Southwestern Petroleum Short Course, 1972.

［56］HACKSMA J D. How to Predict Plunger-Lift Performance［J］. Oil and Gas Journal, 1972（21）：66-73.

［57］LEA J F. Dynamic Analysis of Plunger Lift Operations［J］. Journal of Petroleum Techonology, 1982, 34（11）：2617-2629.

［58］WHITE G W. Combine Gas Lift Plungers to Increase Production Rate［J］. World Oil, 1982, 195（6）：69-76.

［59］BEESON C M，KNOX D G，AL-BASSAM M，et al. Plunger Lift［J］. Developments in Petroleum Science, 1987（19）：467-530.

［60］CHAVA G K，FALCONE G，et al. Development of a New Plunger-Lift Model Using Smart Plunger Data［C］. SPE 115934-MS, 2008.

［61］TANG Y L，LIANG Z. A New Method of Plunger Lift Dynamic Analysis and Optimal Design for Gas Well Deliquification［C］. SPE 116764-MS, 2008.

［62］TANG Y L. Plunger Lift Dynamics Characteristics in Single Well and Network System for Tight Gas Well Deliquification［C］. SPE 124571-MS, 2009.

［63］NEIL LONGFELLOW，DAVID GREEN，et al. Computational Fluid Dynamics for Hori-zontal Well Plunger Lift System Design［C］. SPE 169585-MS, 2014.

［64］贾敏，李隽，李楠．柱塞气举排水采气技术进展及应用［J］．西部探矿工程，2015，27（7）：25-28.

［65］雷志华．PH油区油气井气举优化技术研究［D］．青岛：中国石油大学（华东），2018.

［66］曹光强，姜晓华，李楠，等.产水气田排水采气技术的国内外研究现状及发展方向［J］.石油钻采工艺，2019，41（5）：614-623.

［67］苏博鹏.印尼L油田高含水后期气举采油优化技术研究［D］.大庆：东北石油大学，2017.

［68］李士伦.天然气工程［M］.2版.北京：石油工业出版社，2008.

［69］杨志，廖云虎，左锋，等.组合油管柱接力式柱塞气举装置研制［J］.石油矿场机械，2008（2）：25-27.

［70］曹博，高立斌，师红杰.苏里格气田排水采气工艺技术分析［J］.中国新技术新产品，2012（4）：151.

［71］韩强辉，田伟，李耀德，等.一种用于组合管柱油气井接力式柱塞气举排液生产的装置：CN206693998U［P］.2017-12-01.

［72］韩志辉.适用于水平气井的新型自缓冲柱塞气举排液装置的设计及应用——以鄂尔多斯盆地长庆气区为例［J］.天然气工业，2016，36（12）：67-71.

［73］贺志鹏.管径对气水两相上升管流流型和压降影响规律研究［D］.成都：西南石油大学，2017.

［74］任桂蓉.川西水平气井井筒两相管流流型实验研究［D］.成都：西南石油大学，2016.

［75］陈家琅，陈涛平.石油气液两相管流［M］.2版.北京：石油工业出版社，2010.

［76］刘雪行，马卫国，张先勇，等.积液气井连续管注氮排液工程参数分析［J］.石油机械，2022，50（5）：98-105.

［77］王琦.水平井井筒气液两相流动模拟实验研究［D］.成都：西南石油大学，2014.

［78］陈家琅，王景盛，徐晓娟，等.铅直气液两相环空流动压差计算方法的评价［J］.大庆石油地质与开发，1993（1）：6，64-69.

［79］金忠臣，杨川东，张守良，等.采气工程［M］.北京：石油工业出版社，2004.

［80］杨继盛.采气工艺基础［M］.北京：石油工业出版社，1992.

［81］高仪君，刘建仪，张键.定向井井筒温度压力耦合分析［J］.油气藏评价与开发，2013，3（2）：29-33.

［82］檀朝东.一种油井产液量计量、工况分析优化方法及其系统：CN1970991B［P］.2010-05-19.

［83］黄焕兵.川东石炭系气藏气举排水采气工艺研究［D］.东营：中国石油大学（华东），2007.

［84］王强军.靖边气田积液停产井复产工艺优化及配套工艺研究［D］.西安：西安石油大学，2010.

［85］田波.裂缝性气藏排水采气优选管柱研究［D］.东营：中国石油大学（华东），2007.

［86］张仕强，李祖友，周兴付.深层产水气井井筒压力预测研究［J］.钻采工艺，2010，33（4）：28-31，137.

［87］王彦鹏，曾顺鹏，徐春碧，等.高含硫气井井底压力计算方法优化［J］.重庆科技学院学报（自然科学版），2013，15（S1）：84-87.

［88］张远尧.深水井井筒压力及压井工程计算研究［D］.成都：西南石油大学，2016.

［89］张凌筱，周舰.东胜气田水平井井筒压力预测模型评价与优选［J］.新疆石油天然气，2016，12（2）：4，46-49.

［90］王青华.气液滑脱损失分析与球塞气举瞬态模拟研究［D］.成都：西南石油学院，2003.

［91］李克智，罗懿.鄂尔多斯盆地致密油气开发工程工艺技术［M］.北京：中国石化出版社，2014.

［92］张艳.特高含水采油期油气水流型和压降试验研究［D］.大庆：大庆石油学院，2006.

［93］国丽萍，刘承婷，刘保君.石油工程多相流体力学［M］.北京：中国石化出版社，2011.

［94］马晨洮.高温高压深井测试管柱受力分析［D］.成都：西南石油大学，2014.

［95］王智博.冷家油田蒸汽驱开采工艺技术研究［D］.大庆：大庆石油学院，2008.

［96］刘进博，郭娇娇，哈斯木.K气田火山岩气藏水平井优选管柱工艺适应性分析［C］//第31届全国天然气学术年会（2019）论文集（04采气工程），2019：31-39.

［97］刘靓雯．苏1储气库注采管柱研究［D］．青岛：中国石油大学（华东），2016.

［98］刘永辉．单管球塞连续气举排水采气应用基础研究［D］．成都：西南石油学院，2005.

［99］李长俊，贾文龙．油气管道多相流［M］．北京：化学工业出版社，2015.

［100］鲍云波．榆树林油田原油集输工艺关键技术研究［D］．大庆：大庆石油学院，2010.

［101］张友波．气液两相管流技术研究及其工艺计算软件开发［D］．成都：西南石油学院，2005.

［102］刘定智．多相混输技术的研究及其应用［D］．成都：西南石油学院，2003.

［103］颜青．低压出水气井连续气举排液采气适应性研究［D］．成都：西南石油大学，2016.

［104］姚亦华．海上油田潜油电泵生产系统优化设计与工况诊断［D］．成都：西南石油学院，2002.

［105］钱银磊，田旭，何国伟，等．基于PIPSIM软件的多相管流模型优选［J］．西部探矿工程，2013，25（4）：38-40，45.

［106］周舰．大牛地气田压裂水平井合理动态配产优化研究［J］．石油化工应用，2019，38（5）：27-34.

［107］邓钦月．高含硫气藏水平井生产动态分析方法研究［D］．成都：西南石油大学，2014.

［108］谭晓华，杨雅凌，李晓平，等．考虑压裂液流体特征的井筒多相流模型建立［J］．科学技术与工程，2021，21（24）：10229-10235.

［109］熊浩．气井自由套管力学行为与井口抬升相关性研究［D］．成都：西南石油大学，2017.

［110］康七虎．考虑热效应影响的气井试井资料分析方法研究［D］．大庆：大庆石油学院，2008.

［111］毛伟，梁政．计算气井井筒温度分布的新方法［J］．西南石油学院学报，1999（1）：5，62-64，72.

［112］张琪，周生田，吴宁，等．水平井气液两相变质量流的流动规律研究［J］．石油大学学报（自然科学版），2002（6）：6，46-49.

［113］郭学涛．油气水三相流数值模拟与持气率测量方法研究［D］．秦皇岛：燕山大学，2010.

［114］张海瑞．导热胶泥伴热传热特性研究［D］．西安：西安石油大学，2016.

［115］缪斌．并联管组流量分配的模拟计算和试验研究［D］．西安：西安石油大学，2011.

［116］黄秀挺．螺旋溜槽流场特征及其颗粒的分选行为研究［D］．沈阳：东北大学，2015.

［117］谢振华．工程流体力学［M］．4版．北京：冶金工业出版社，2013.

［118］王为术，郭嘉伟，徐维晖，等．大扩散角并联循环泵进水流道流态优化研究［J］．水电能源科学，2022，40（7）：202-205.

［119］郭阳阳．基于CFD的某旅游客车室内热舒适性分析［D］．厦门：厦门理工学院，2017.

［120］张爱然．采场瓦斯分布模拟研究［J］．能源技术与管理，2010（5）：6-8.

［121］郑清平，严鸿．柱塞气举工艺在安岳气田须二有水凝析气藏的应用［C］//2018年全国天然气学术年会论文集（04工程技术），2018：424-431.

［122］曹银平．大斜度井柱塞气举排水采气模拟与优化［D］．成都：西南石油大学，2018.

［123］严鸿，郑清平，商绍芬．川南地区页岩气井生产预警方法探索［C］//第31届全国天然气学术年会（2019）论文集（03非常规气藏），2019：108-116.

［124］杨全蔚，周少丹，马连伟，等．神木气田柱塞气举工艺推广及效果评价［J］．钻采工艺，2022，45（1）：139-143.

［125］张婷，唐寒冰，朱鹏，等．低压深井柱塞气举排水采气技术研究及应用［J］．钻采工艺，2021，44（6）：124-128.

［126］梁德成，许鑫，任基文，等．柱塞气举排液采气工艺在中江气田的应用研究［J］．化工管理，2019（36）：209-210.

［127］李思颖，田伟，贾友亮，等．致密气藏排水采气实践及思考［J］．石油科技论坛，2022，41（3）：58-66.